Ingeniería eléctrica
sin
conocimientos previos

Entienda los fundamentos en 7 días

Benjamin Spahic

Impresión:

PBD  Verlag

pbd-verlag.de

Autor: Benjamin Spahic

Dirección:
 Benjamin Spahic
Konradin-Kreutzer-Str. 12
76684 Östringen

Editor: Pop Jose Arias
Portada: Kim Nusko
ISBN: 9798360217442

 Correo electrónico: BenjaminSpahic@pbd-verlag.de
Linkedin: Benjamin Spahic
Ingeniería eléctrica sin conocimientos previos
Primera publicación 24.10.2022
Distribución a través de kindledirectpublishing
Amazon Media EU S.à r.l., 5 Rue Plaetis, L-2338, Luxemburgo

Contenido
Prefacio e introducción 1
1 Fundamentos matemáticos 4
1.1   Resolver ecuaciones 4
1.2   Funciones exponenciales 5
1.3   Reglas para las potencias 5
1.4   El número de Euler e 7
1.5   Logaritmos 7
1.6   Tabla de logaritmos 8
1.7   El alfabeto griego 9
1.8   Seno, coseno, tangente 10
1.9   Funciones seno y coseno 11
1.10   Arcoseno, arcocoseno, arcotangente 12
1.11   Sistema de coordenadas cartesianas 13
2 Conceptos básicos de ísica 16
2.1   Notación, letras mayúsculas, letras minúsculas 16
2.2   Prefijos para un amplio rango dinámico 17
2.3   El Sistema Internacional de unidades 19
2.4   Unidades derivadas del SI 21
2.5   Representación de diferencias 21
2.6   Conservación de la energía y eficiencia 21
2.7   La energía 24
2.8   La potencia 25
3 Del modelo de agua al circuito 28
3.1   Átomos, electrones, protones 29
3.2   ¿Cuándo un material conduce la electricidad? 30

4	El campo eléctrico	32
4.1	Representación de los campos E	32
4.2	La fuerza en el campo eléctrico	34
4.3	El potencial eléctrico y la tensión U	36
4.4	La corriente I	38
4.5	Dirección técnica y física de la corriente	39
5	El campo magnético	40
5.1	Imanes elementales	41
5.2	Visualización de los campos magnéticos	43
5.3	Electromagnetismo	44
5.4	Ley de inducción	46
5.5	Flujo magnético e inducción	47
5.6	La regla de Lenz	47
5.7	La fuerza de Lorentz	48
5.8	La regla de los tres dedos	50
5.9	Resumen: Campo E y campo B	50
6	Marcas y símbolos de los circuitos	52
6.1	Tierra y conexión a tierra	52
6.2	Consumidor	52
6.3	El circuito completo	53
6.4	¿Qué pasa sin los consumidores?	54
6.5	Sistemas de flechas de recorrido	55
6.6	Flechas de tensión	55
6.7	Flechas de corriente	55
6.8	Sistema de flechas para generadores y consumidores	56
6.9	Leyes de Kirchhoff	57

6.10	El teorema de los nodos	57
6.11	El teorema de las mallas	58
7	La resistencia eléctrica	60
7.1	Conexión en serie de resistencias	63
7.2	Divisor de tensión	63
7.3	Conexión en paralelo de resistencias	64
7.4	Forma especial para dos resistencias	65
7.5	Divisor de corriente	65
7.6	Energía eléctrica	66
7.7	Ejemplo aplicado: Resistencias en una fuente de alimentación 67	
8	Semiconductor: unión PN , diodo, transistor	68
8.1	Estructura de un diodo	69
8.2	Excursus: LED	72
8.3	El transistor	73
8.4	El transistor bipolar	74
8.5	El transistor de efecto de campo	76
9	El condensador	80
9.1	Carga de un condensador	83
9.2	Descarga del condensador	87
9.3	¿Cuánta energía puede almacenar un condensador?	89
9.4	Área de aplicación de los condensadores	90
10	La bobina	92
10.1	Acoplamiento magnético	94
10.2	Proceso de encendido de una bobina	95
10.3	Apagado de una bobina	98

10.4	¿Cuánta energía puede almacenar una bobina?	100
10.5	Comparación entre el condensador y la bobina	101
11	Ejemplo práctico - Retraso en el encendido de los LEDs	102
11.1	El circuito	103
11.2	Cálculo del tiempo de retardo	104
12	Introducción a la teoría de la corriente alterna	106
12.1	Generación de energía	106
12.2	Generación de energía mediante generadores	110
12.3	Estructura de la red eléctrica	121
13	Componentes del circuito de corriente alterna	130
13.1	La resistencia	131
13.2	El condensador	132
13.3	La bobina	136
13.4	Potencia activa, reactiva y aparente	139
13.5	El circuito electromagnético oscilante	144
13.6	Radiación electromagnética	150
14	Resumen	153
Libro electrónico gratuito		154

Descargo de responsabilidad

Esta guía se ha elaborado de buena fe, pero, a pesar de las numerosas comprobaciones, no se pueden descartar por completo las inexactitudes o los errores.

Por lo tanto, no asumimos responsabilidad alguna por la actualidad, exactitud, integridad o calidad de la información proporcionada. Quedan excluidas las reclamaciones de responsabilidad contra el autor relativas a daños materiales o inmateriales causados por el uso de la información proporcionada o por el uso de información incorrecta o incompleta. El libro no constituye ni sustituye, en modo alguno, el asesoramiento profesional o técnico. En este libro no se ofrecen garantías ni promesas de beneficios. Todas las afirmaciones reflejan la opinión subjetiva del autor.

Si desea realizar una crítica constructiva, sugerir nuevos capítulos, realizar cambios o corregir errores, diríjase inmediatamente a la dirección de correo electrónico que figura en el pie de imprenta.

Libro electrónico gratuito

Gracias por comprar este libro. Como el formato (eBook) y la impresión del libro (tapa blanda o tapa dura) es hecho por Amazon, no tengo control sobre la calidad de las imágenes, es posible que se pierdan detalles o que el formato se vea afectado.

Por ello, ofrezco el libro electrónico en PDF, de forma gratuita, a quienes compren el libro. Encontrará más información al final del libro.

Este libro ha sido traducido del bestseller alemán "Elektrotechnik ohne Vorkenntnisse" y corregido por profesionales. Sin embargo, no se pueden excluir los errores de traducción.

Si echas de menos algo, si no te ha gustado algo o si tienes sugerencias de mejora o preguntas, envíame un correo electrónico.

La crítica constructiva es importante para mejorar algo. Actualmente estoy revisando el libro, por lo que agradezco cualquier sugerencia constructiva para mejorarlo.

Atentamente,

Benjamin Spahic

Prefacio e introducción

Casi ninguna otra área temática es tan diversa y controla nuestra vida cotidiana como la ingeniería eléctrica.

Por la mañana, nos despierta el smartphone o el despertador digital. Sin los circuitos integrados y la sincronización de los relojes, una gran parte de la población probablemente no se levantaría temprano de la cama. Luego, nos levantamos y encendemos la luz como algo natural. Sin electricidad, tendríamos que avanzar a tientas por los pasillos, a la luz de las velas, para encontrar el camino a la cocina.

Durante el desayuno, revisamos nuestros correos electrónicos o leemos las noticias en Internet. Sin la transmisión de datos digitales, no estaríamos al tanto de las novedades de nuestro mundo.

"El avance de la tecnología se basa en adaptarla de forma que ni siquiera notes que forma parte de tu vida cotidiana".

- Bill Gates

Este procedimiento atraviesa toda nuestra vida cotidiana. Gracias a la electrónica de control de nuestro coche, nuestro vehículo nos lleva con seguridad al trabajo, las máquinas y los ordenadores garantizan una producción económica en constante aumento, y al final del día nos tumbamos relajadamente en el sofá y disfrutamos de la última serie de Netflix, o vemos divertidos vídeos de gatos en YouTube. La ingeniería eléctrica es la base de todas estas áreas. Desde la generación y el suministro de la red eléctrica hasta el procesamiento y la transmisión de datos, pasando por la nanotecnología.

Sin embargo, a pesar de su importancia, existe un gran problema: el entusiasmo por entender y aprender ingeniería eléctrica es muy limitado en la sociedad. Sólo una pequeña y elitista parte se ocupa del tema.

Como has comprado este libro, parece que perteneces a ese círculo. Tal vez seas un estudiante de secundaria que está pensando en estudiar ingeniería, tal vez seas una persona que ha cambiado de carrera y sólo quiere entender lo básico, o tal vez seas un programador que quiere aprender más sobre el hardware. En cualquier caso, no te arrepentirás de haber aprendido sobre el tema.

Si estás estudiando ingeniería eléctrica por primera vez, encontrarás varios libros. Algunos de ellos de más de 500 páginas, que son completamente inadecuados para los recién llegados. Contienen páginas de derivaciones matemáticas que se olvidan después de una semana. Por supuesto, estos libros también tienen su razón de ser si, por ejemplo, se quiere escudriñar y comprender el tema hasta el más mínimo detalle. Pero para la mayoría de los interesados, esto no es necesario, ni eficaz.

Y precisamente, este es el problema que dio origen a este libro.

Se trata de una guía, para principiantes, destinada a personas curiosas que desean comprender y aprender los principios básicos de la ingeniería eléctrica, lo más rápidamente posible, sin necesidad de tener muchos conocimientos previos.

¿Qué es la tensión? ¿Cómo puedo calcular mi consumo de electricidad? ¿Cómo puedo construir un pequeño circuito eléctrico? Este libro concede gran importancia a la utilización de valores y ejemplos reales, y no a los ejemplos de cálculos utópicos. Este libro ofrece relevancia práctica y al mismo tiempo ilumina, en la medida necesaria, los principios matemáticos básicos y las derivaciones. Después de leer esta guía para principiantes, tendrás una idea de las cantidades de electricidad. Podrás clasificar correctamente los números en el contexto y saber qué es importante.

Requisitos previos y nivel de conocimientos:

Este libro es adecuado para cualquier persona con un entusiasmo básico por la tecnología y una comprensión de las matemáticas. Dado que, para algunos lectores, la última lección de matemáticas o física pudo haber sido hace algún tiempo, los dos primeros capítulos cubren los fundamentos matemáticos y conceptos básicos de física.

Por lo tanto, se supone que el lector tiene una comprensión técnica pero no un conocimiento previo profundo.

Si puedes decir que no necesitas ponerte al día en estas áreas, puedes empezar con el tercercapítulo, en el que se presenta la analogía de los ciclos de la electricidad y el agua. Sin embargo, es aconsejable al menos repasar los fundamentos una vez más.

Encontrarás los siguientes iconos en determinados lugares del libro:

 Símbolos aritméticos: Aquí se vuelve más complejo. Se da una digresión o una derivación matemática .

La derivación de un tema es útil para la comprensión, pero no es esencial y es más bien una referencia.

 Bombilla: Aquí se resumen los puntos clave de un capítulo. Estos enunciados son buenos como referencia, o cuando se revisa un área temática.

 Atención: aquí se mencionan los errores más comunes. Se muestra dónde y por qué se encuentran a menudo obstáculos o suposiciones erróneas.

 Calculadora: Ejemplos de cálculos o preguntas de comprensión para seguir e interiorizar.

Los nuevos conocimientos se retienen mucho mejor cuando se aplican inmediatamente. Si te encuentras con una pregunta de comprensión, es una indicación de que debes repasar el capítulo anterior antes de seguir leyendo.

Ahora espero que disfrutes de la lectura y te sumerjas en el maravilloso mundo de la ingeniería eléctrica.

1 Fundamentos matemáticos

Cuando uno se sumerge en la ingeniería eléctrica, los malabarismos con los términos y las ecuaciones están a la orden del día. Las matemáticas nos proporcionan la base para ello. Nos sirven como herramienta.

Al igual que un carpintero debe saber utilizar el martillo y el cincel, nosotros debemos saber resumir o simplificar adecuadamente las fórmulas. A continuación, se tratan las leyes aritméticas básicas, algunos tipos de funciones y los sistemas numéricos. Quienes hayan tenido acceso a la universidad ya estarán familiarizados con la mayoría de las áreas, pero también se tratan aspectos parciales que sólo se aprenden en los institutos técnicos, por ejemplo. Por experiencia, las matemáticas son un mal necesario, por lo que cada materia se trata sólo en la medida en que es importante para la comprensión de este libro.

1.1 Resolver ecuaciones

El objetivo de la resolución de una ecuación es reordenar la ecuación de forma que acabemos con la variable que buscamos a un lado del signo de igualdad.

$3x + 8 = -2x + 3$

...

$x = -1$

Para ello, tenemos que editar la ecuación en varios pasos para aislar la variable.

Al resolver una ecuación, la transformas paso a paso hasta que la variable que buscas (por ejemplo, x) esté sola y sea positiva en un lado. Las transformaciones se denominan transformaciones equivalentes. Esto no falsifica el enunciado de la ecuación.

Por ejemplo, podemos sumar o restar una constante o una variable en ambos lados de una ecuación, o multiplicar, dividir ambos lados por un factor. Al aplicar una transformación de equivalencia, escríbala al final de la línea junto con una línea vertical.

$$3x + 8 = -2x + 3 \qquad | + 2x$$

$$5x + 8 = 3 \qquad | - 8$$

$$5x = -5 \qquad | : 5$$

$$x = -1$$

Todas las transformaciones deben tener lugar siempre en ambos lados de la ecuación. Nos encontraremos con la transformación de ecuaciones varias veces en cada capítulo.

1.2 Funciones exponenciales

Las funciones exponenciales ocurren más a menudo en la vida cotidiana de lo que pensamos. Casi todos los procesos naturales se pueden remontar a una función exponencial: el crecimiento de las bacterias, el calentamiento o enfriamiento de cualquier materia (ya sea comida, arena o metal) o procesos electrotécnicos como la carga y descarga de acumuladores, de baterías o de condensadores. Para entender el funcionamiento de estos procesos, primero recurrimos a los fundamentos matemáticos: las funciones exponenciales.

Una función exponencial es una función de la forma

$f(x) = a^x$

Aquí, **a** se llama la base y **x** el exponente (número usualmente alto). La base debe ser un número real mayor que 0 y no igual a 1. El exponente suele formar parte de los números reales. Obsérvese también que en el caso de $x = 0$.

$a^0 = 1$

Para cualquier base a.

1.3 Reglas para las potencias

Las reglas para laspotencias son aplicables a términos con propiedades similares y nos permiten resumir las potencias con mayor claridad. En ingeniería eléctrica hay que calcular mucho con exponentes, por lo que ayuda tener algunos trucos a mano.

 Todas las ecuaciones siguientes funcionan siempre en ambas direcciones.

Potencia con exponente negativo

Si el exponente de una potencia es negativo, la potencia puede reescribirse como

$$a^{-b} = \frac{1}{a^b}$$
$$2^{-2} = \frac{1}{2^2}$$

Multiplicación de potencias con igual base

Si se multiplican dos o más potencias con una misma base, los exponentes se suman. La base se mantiene sin cambios.

$$a^b \cdot a^c = a^{b+c}$$
$$3^2 \cdot 3^5 = 3^{2+5} = 3^7$$

División de potencias con igual base

Si se dividen dos o más potencias con una misma base, los exponentes se restan. La base se mantiene sin cambios. La derivación se obtiene escribiendo la división como una multiplicación con exponente negativo.

$$\frac{a^b}{a^c} = a^b \cdot a^{-c} = a^{b-c}$$
$$\frac{2^5}{2^3} = 2^{5-3} = 2^2$$

Multiplicación de potencias con exponentes iguales

Si se multiplican dos o más potencias con el mismo exponente, pero con bases diferentes, se multiplican las bases. El exponente no cambia.

$$a^c \cdot b^c = (a \cdot b)^c$$
$$2^5 \cdot 3^5 = (2 \cdot 3)^5 = 6^5$$

División de potencias con exponentes iguales

Si se dividen dos o más potencias con el mismo exponente, pero diferentes bases, se dividen las bases. El exponente no cambia.

$$\frac{a^c}{b^c} = \left(\frac{a}{b}\right)^c$$
$$\frac{2^5}{3^5} = \left(\frac{2}{3}\right)^5$$

Potencia de potencia

Si se exponencia una potencia (de una base), los exponentes se multiplican.

$(a^b)^c = a^{b \cdot c}$

$(2^3)^5 = 2^{3 \cdot 5} = 2^{15}$

1.4 El número de Euler e

El número de Euler, **e**, es una constante. Recibe su nombre del matemático suizo Leonhard Euler y se define en el conjunto de los números reales irracionales por el valor límite

$$e = \sum_{k=0}^{\infty} \frac{1}{k!} = 1 + \frac{1}{1} + \frac{1}{1 \cdot 2} + \frac{1}{1 \cdot 2 \cdot 3} + \cdots = 2{,}718 \ldots$$

Esta definición no es importante para la comprensión electrotécnica, pero se menciona por completitud.

Además de esta definición, existen otros valores límite se aproximan a **e**.

A los efectos de este libro, basta con tener presente el valor numérico de aproximadamente 2,72...

El número **e** es de gran importancia en la ingeniería eléctrica, así como en general en el campo del cálculo y muchos otros subcampos de las matemáticas.

El número de Euler aparece en muchos fenómenos naturales como la desintegración radiactiva, el crecimiento natural o la carga y descarga de componentes electrónicos como condensadores o bobinas. Cuando el número de Euler forma la base de una función potencial, se denomina función exponencial con $f(x) = e^x$

La característica especial de $f(x) = e^x$ es que la pendiente en cada punto corresponde al valor de la función en ese punto. En términos matemáticos, esto significa: $f'(x) = f(x)$

1.5 Logaritmos

Los logaritmos aparecen con tanta frecuencia como las funciones exponenciales en la vida cotidiana, por ejemplo, en el oído humano, en la descomposición natural, en los valores del pH o en nuestra percepción de la luminosidad.

Se conocen las operaciones aritméticas básicas, es decir, "más y menos", así como "multiplicar y dividir". Para cada operación matemática hay una función inversa correspondiente. Por ejemplo, si se quiere invertir una suma, se resta;

una multiplicación se invierte mediante la división. La función logaritmo se utiliza para invertir la exponenciación.

Por ejemplo, requerimos resolver la ecuación: $10^x = 1000$.

Para obtener la solución, es decir, nuestra variable buscada x, aplicamos la función logaritmo en base 10, solemos decir "sacamos el logaritmo en base 10". El valor del logaritmo se llama resultado del logaritmo o logaritmo.

$$\text{Log}_{10}(10^x) = \log_{10}(1000) \rightarrow x = 3$$

La base se escribe como un subíndice del logaritmo.

En otras palabras, el logaritmo resuelve el problema: "¿A qué número tengo que elevar la base (10 en el ejemplo) para obtener el resultado (1000)?". La respuesta en el ejemplo es 3, porque

$$10^3 = 1000$$

Para cada base hay un logaritmo correspondiente. Algunos aparecen con más frecuencia y por ello se les ha dado su propia abreviatura.

1.6 Tabla de logaritmos

La siguiente tabla muestra la notación de los logaritmos según la base

Base del logaritmo	Notación	Designación
Cualquier número a	$\log_a z$	Logaritmo en base a
2	$\text{lb} z = \log_2 z$	Logaritmo en base 2
e	$\ln z = \log_e z$	Logaritmo natural
10	$\lg z = \log_{10} z$	Logaritmo en base 10

El logaritmo natural es el logaritmo más utilizado en matemáticas. El logaritmo en base 2 se utiliza, a menudo, en el sector de informática, ya que un ordenador funciona de forma digital, es decir, calcula en binario sólo con unos y ceros.

1.7 El alfabeto griego

Además de la resolución de ecuaciones y de las reglas para las potencias, en electrotecnia solemos utilizar el alfabeto griego, con letras mayúsculas y minúsculas. Los nombres se repetirán en los próximos capítulos. El alfabeto griego tiene una estructura similar a la nuestra y, por tanto, es fácil de entender. No tenemos que aprender el alfabeto completo de memoria. Las letras que necesitamos se explicarán con más detalle en los próximos capítulos. No obstante, una visión general y una página de referencia no está de más, y ayuda cuando buscamos la pronunciación o una letra concreta.

La siguiente tabla muestra el alfabeto griego, tanto en mayúsculas como en minúsculas.

Letra mayúscula	Minúsculas	Pronunciación
A	α	Alfa
B	β	Beta
Γ	γ	Gamma
Δ	δ	Delta
E	ε /ϵ	Epsilon
Z	ζ	Zeta
H	η	Eta
Θ	θ ϑ	Theta
I	ι	Iota
K	κ /	Kappa
Λ	λ	Lambda
M	μ	Mu
N	ν	Nu
Ξ	ξ	Xi

Fundamentos matemáticos

O	o	Omicron
Π	π	Pi
P	ρ	Rho
Σ	σ	Sigma
T	τ	Tau
Y	υ	Ypsilon
Φ	ϕ / φ	Phi
X	χ	Chi
Ψ	ψ	Psi
Ω	ω	Omega

1.8 Seno, coseno, tangente

Además de aplicar las leyes aritméticas, consideremos algo de trigonometría.

El seno, el coseno y la tangente describen la relación de la longitud de dos lados dentro de un triángulo rectángulo.

El triángulo está formado por dos catetos y una hipotenusa. El cateto que se encuentra adyacente al ángulo α y el ángulo recto se llama adyacente al ángulo, α, designado.

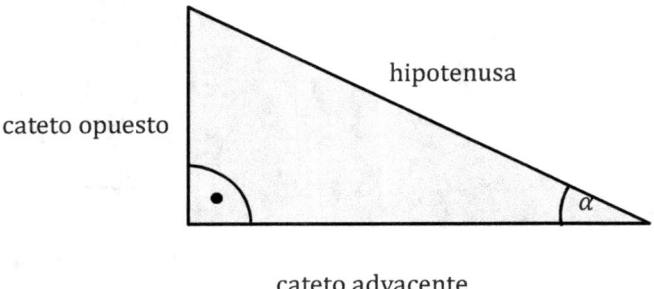

Figura 1 Triángulo rectángulo

El lado opuesto al ángulo α se llama el cateto opuesto.

$$sen\, \alpha = \frac{cateto\ opuesto}{hipotenusa}$$
$$= \cos(\alpha - 90°)$$
$$\cos \alpha = \frac{cateto\ adyacente}{hipotenusa}$$
$$= sen(\alpha + 90°)$$
$$\tan \alpha = \frac{sen\, \alpha}{\cos \alpha} = \frac{cateto\ opuesto}{cateto\ adyacente}$$

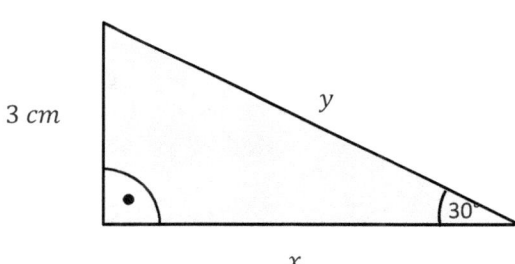

Figura 2 Seno y coseno en el triángulo rectángulo

$$sen(30°) = \frac{cateto\ opuesto}{hipotenusa} = \frac{3\ cm}{y}\ ;$$
$$cos(30°) = \frac{cateto\ adyacente}{hipotenusa} = \frac{x}{y}\ ;$$
$$tan(30°) = \frac{sen\, \alpha}{\cos \alpha} = \frac{3\ cm}{x}$$
$$=> y = \frac{3\ cm}{sen(30°)} = \frac{3\ cm}{0{,}5} = 6\ cm \quad => x = \frac{3\ cm}{tan(30°)} = \frac{3\ cm}{0{,}577} \approx 5{,}2\ cm$$

1.9 Funciones seno y coseno

Si en un triángulo la hipotenusa se fija en 1, el seno de un ángulo corresponderá a su cateto opuesto, y el coseno del ángulo a su cateto adyacente.

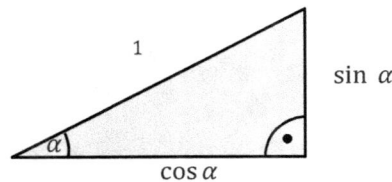

Figura 3 Seno y coseno si la hipotenusa tiene longitud 1

$\sin \alpha = \frac{lado\ opuesto}{hipotenusa} = lado\ opuesto; \cos \alpha = \frac{lado\ adyacente}{hipotenusa} = lado\ opuesto$

Si cambiamos el ángulo α, entonces se pasa de 0° a 360°. De esta forma se obtiene una función que expresa el valor del lado opuesto o adyacente en función del ángulo.

En lugar de especificar el ángulo en grados, es habitual convertirlo a ángulos circulares o radianes. . Un círculo con el radio $r = 1$ tiene una circunferencia de $U = 2\pi$. Esta circunferencia se utiliza como referencia para un ángulo de 360°. Así 360° corresponden a 2π, 180° corresponden a π y así sucesivamente. A partir de un ángulo α, éste se convierte con $x = \frac{\alpha}{360°} \cdot 2\pi$.

Si representamos el valor del seno y del coseno de un ángulo, obtendremos la función seno y coseno respectivamente.

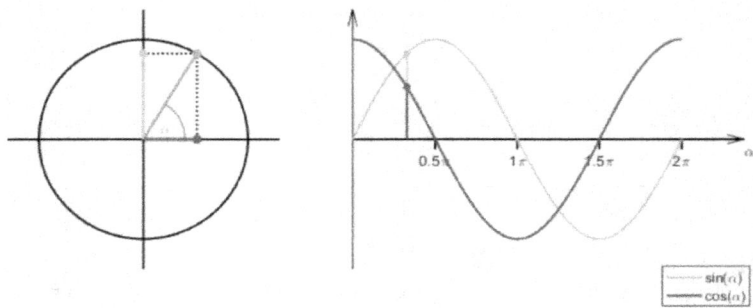

Figura 4 Función seno y coseno

Toda oscilación natural está formada por funciones seno y coseno superpuestas.

1.10 Arcoseno, arcocoseno, arcotangente

Las funciones seno, coseno y tangente asignan una razón o un número a un ángulo o un valor en radianes. Al igual que la raíz cuadrada es la función inversa de la exponenciación o la función logaritmo es la función inversa de la función potencial, también existen las correspondientes funciones inversas para el seno, el coseno y la tangente.

 El arcoseno $s\,arcsen()$, arcocoseno $arccos()$ y arcotangente $arctan()$ son las funciones inversas y permiten calcular los radianes o el ángulo a partir del valor de la razón o número.

En el ejemplo sen α = 0,5 aplicamos el arcoseno para compensar la función seno y obtener el ángulo correspondiente.

$$\text{sen } \alpha = 0,5$$

arcsen (sen α) = arcsen (0,5)

α = arcsen(0,5) => calculadora α = 30°

 A menudo, en lugar de arcsen(x) la expresión sen^{-1}(x) se utiliza. Análogamente cos^{-1}(x) para el arcocoseno o tan^{-1}(x) para el arcotangente

Estrictamente hablando, esto es incorrecto, por ejemplo sin^{-1}(x) = $\frac{1}{\sin(x)} \neq \arcsin(x)$.

Esto no se corresponde con arcoseno. Sin embargo, las expresiones sin^{-1}(x), cos^{-1}(x), y tan^{-1}(x) son utilizados ampliamente y cualquiera que esté familiarizado con el tema sabe que corresponden a las funciones arcsen(x), arcos(x) y arctan(x) respectivamente.

1.11 Sistema de coordenadas cartesianas

Antes de concluir el capítulo de matemáticas, veremos la representación de números y funciones en sistemas de coordenadas. Utilizaremos el sistema de coordenadas cartesianas. La mayoría de la gente recuerda esto de la escuela. Cartesiano significa que los ejes son perpendiculares entre sí.

A efectos de este libro, nos limitaremos a dos dimensiones, con dos ejes. El eje horizontal se llama eje de las abscisas y se denomina sencillamente eje X. El eje vertical, en cambio, se llama eje de las ordenadas, eje vertical o simplemente eje Y. No consideraremos la profundidad espacial, que es una tercera dimensión, ya que de lo contrario rápidamente puede volverse demasiado complejo. Los cálculos son análogos para dos ejes de coordenadas. Podemos introducir puntos en este sistema de coordenadas. Un punto en el sentido matemático es un círculo con un radio infinitamente pequeño. Un punto se suele representar como una cruz, un rectángulo o un círculo.

Fundamentos matemáticos

Un punto tiene una coordenada X y otra Y.

P = (x|y)

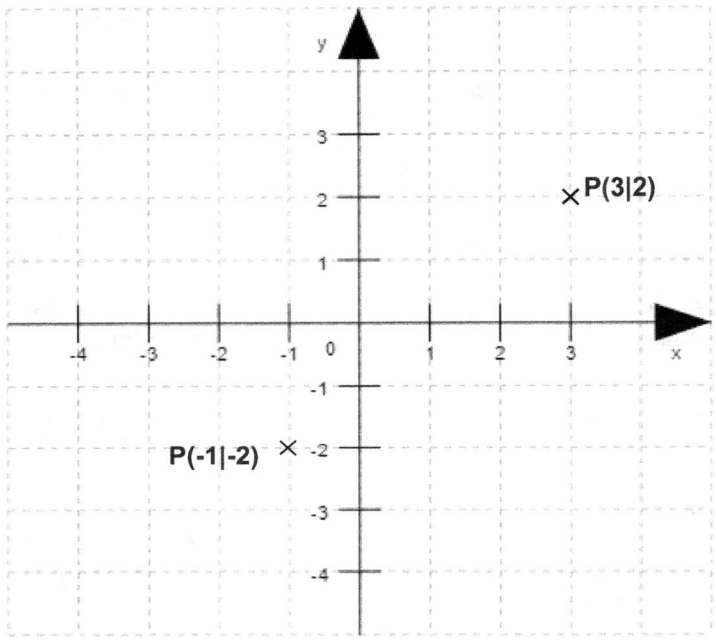

Figura 5*Sistema de coordenadas cartesianas*

 Es importante entender que un sistema de coordenadas siempre se refiere a un origen o al punto cero, ¡que podemos determinar nosotros mismos!

Este siempre tiene las coordenadas (0|0). El punto cero puede ser la esquina de una habitación, el punto de partida de una pista de carreras o, como en el mapa del mundo, uno de nuestros polos. La mayoría de las veces es el resultado de una tarea.

 A menudo, si se elige bien el punto cero, se pueden simplificar los cálculos posteriores.

La gran ventaja de los sistemas de coordenadas es que podemos representar gráficamente los hechos matemáticos. Esto nos da una visión más clara y facilita la comprensión.

Además de los puntos individuales, también podemos representar gráficamente funciones enteras en un sistema de coordenadas. La función asigna un valor **y** a cada valor **x**. Para un número infinito de valores, se obtiene una línea continua, la gráfica de la función.

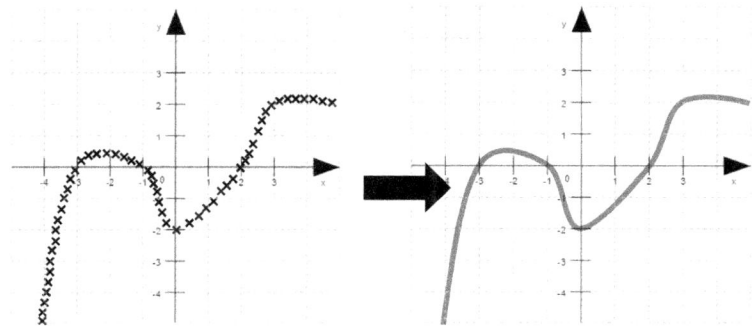

Figura 6 y 7: Los puntos del sistema de coordenadas se convierten en la gráfica de la función

Con esto concluye nuestra breve revisión del sistema de coordenadas cartesianas.

Hay muchos más sistemas de coordenadas de lo que se piensa. Por ejemplo, la posición de un punto (en relación con el origen) puede describirse no sólo como longitud (eje X) y altura (eje Y), sino también como un radio desde el origen y un ángulo. Sin embargo, estos no son relevantes para este libro y, por lo tanto, no se discutirán más.

2 Conceptos básicos de ísica

Después del esfuerzo hecho en el pasaje por los fundamentos matemáticos, en este capítulo nos ocupamos de algunas convenciones de la física.

Los ingenieros alemanes son conocidos por su orden, su visión de conjunto y sus correctas anotaciones. En muchos ámbitos de la ingeniería se ha llegado a un consenso para "hablar el mismo idioma". Como ingeniero eléctrico aficionado, esto es menos importante, pero en un equipo internacional si lo es. Porque a más tardar, cuando se necesita ayuda y alguien ajeno tiene que entender los procesos del pensamiento, la notación correcta es indispensable para la comprensión. Por eso tratamos este tema aquí.

2.1 Notación, letras mayúsculas, letras minúsculas

Las reglas de notación más importantes son:

1. Si se establece un índice, debe ser significativo.

    El coche viaja a una velocidad de $v_{coche} = 10 \text{ km/h}$.

2. Si hay varias medidas de un mismo tipo, se distinguen por índices. El método más sencillo es numerar las cantidades consecutivamente.

    El coche 1 circula con velocidad $v_1 = 10 \frac{km}{h}$, el coche 2 se desplaza con velocidad $v_2 = 20 \frac{km}{h}$.

3. No hay ninguna norma sobre cómo asignar los índices. Sin embargo, se ha aceptado que a un valor inicial se le dé el índice cero y luego se numere consecutivamente.

    El coche circula con una velocidad constante inicial de $V_0 = 10 \frac{km}{h}$, luego se acelera con una aceleración de $5 \frac{m}{s^2}$.

4. Si una variable depende del tiempo, utilizamos letras minúsculas. Además, se indica entre paréntesis la variable de la que depende el tamaño.

    La velocidad v del coche a lo largo del tiempo t es descrito por $v(t)$.

5. Para los contenidos digitales, como este libro, la convención es que haya un espacio entre el número y la unidad de medida.

> ! La excepción es el signo de grado cuando hablamos de un ángulo, pero no cuando hablamos de temperaturas.

20 °C, pero para un ángulo escribimos, por ejemplo, **180°**.

6. Para las magnitudes físicas se utilizan los símbolos de las fórmulas más comunes a nivel internacional.

$$U = R \cdot I$$

La adhesión a estos convenios garantiza el intercambio de conocimientos incluso más allá de las fronteras nacionales. Por lo tanto, nos ceñimos estrictamente a la notación correcta en este, como en cualquier otro, libro de texto.

Sin embargo, hay una diferencia que aún no se ha normalizado. En muchos países se invierten las comas y los puntos para separar los números. Por ejemplo, en España, la coma se escribe después de las unidades. En Francia, Inglaterra o EE.UU., se utiliza el punto.

España, Alemania, Suiza...	Francia, Canadá, Inglaterra, ...
3.000.000,122	3,000,000.122

A continuación, veremos cómo podemos representar números muy grandes y números muy pequeños.

2.2 Prefijos para un amplio rango dinámico

La física utiliza las matemáticas como herramienta para poner los fenómenos en números y poder calcular con ellos. Dado que el mundo abarca una gama muy amplia de valores, los prefijos se han hecho presentes. En lugar de 1000 metros, se escribe 1 km, en lugar de 0,001 metros, se escribe 1 mm y así sucesivamente. La siguiente tabla muestra un resumen de los prefijos.

Conceptos básicos de ísica

Designación	Número decimal	Notación en potencia de 10	Nombre	Abreviatura
Una mil billonésima	0,000000000000001	10^{-15}	Femto	f
Una billonésima	0,000000000001	10^{-12}	Pico	p
Una mil millonésima	0,000000001	10^{-9}	Nano	n
Una millonésima	0,000001	10^{-6}	Micro	μ
Una milésima	0,001	10^{-3}	Mili	m
Unidad	1	10^0	-	-
Mil	1.000	10^3	Kilo	k
Un millón	1.000.000	10^6	Mega	M
Mil millones Millardos	1.000.000.000	10^9	Giga	G
Un billón	1.000.000.000.000	10^{12}	Tera	T
Mil billones	1.000.000.000.000.000	10^{15}	Peta	P

Recordamos los fundamentos matemáticos.

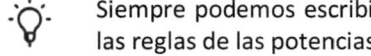 Siempre podemos escribir los prefijos como potencias y luego aplicar las reglas de las potencias.

Tomemos un ejemplo en el que debemos calcular 3 km (kilómetros) por 5 mm (milímetros). Primero escribimos ambos valores como un número por la potencia de 10 correspondiente al prefijo. .

$3 \text{ km} = 3.000 \text{ m} = 3 \cdot 10^3 \, m$

$5 \text{ mm} = 0,005 \text{ m} = 5 \cdot 10^{-3} \, m$

$3 \text{ km} \cdot 5 \text{ mm} = 3 \cdot 10^3 \, m \cdot 5 \cdot 10^{-3} \, m$

La base 10 es la misma, por lo que los exponentes pueden sumarse. Los números que preceden a los exponentes se calculan por separado.

$3 \cdot 10^3 \text{ m} \cdot 5 \cdot 10^{-3} \text{ m} = 3 \cdot 5 \cdot 10^3 \cdot 10^{-3} \text{m} \cdot \text{m} = 15 \cdot 10^{3-3} \text{ m}^2 = 15 \text{ m}^2$

Al factorizar, apartamos los números y sus prefijos, y los multiplicamos por separado.

Calcula y simplifica:

Tres millones de veces la milmillonésima parte

Siete billones por 4 milésimas

Con unidades:

Cinco kilómetros por 8 micrómetros

Un teranewton por 7 picómetros

Soluciones

$3 \cdot 10^6 \cdot 1 \cdot 10^{-9} = 3 \cdot 10^{-3} = 0{,}003$

$7 \cdot 10^{12} \cdot 4 \cdot 10^{-3} = 28 \cdot 10^9 = 28.000.000.000 \text{ Millardos}$

$5 \cdot 10^3 \, m \cdot 8 \cdot 10^{-6} \, m = 40 \cdot 10^{-3} \, m^2 = 40 \text{ mm}^2$

$1 \cdot 10^{12} \, N \cdot 7 \cdot 10^{-12} \, m = 7 \cdot 10^0 \, N \cdot m = 7 \, Nm$

El Newton [N] es la unidad de fuerza, de la que hablaremos más adelante.

2.3 El Sistema Internacional de unidades

Ya hemos hablado de las convenciones en física. No sólo es enormemente importante la notación correcta, sino también las unidades con las que calculamos, como muestra el siguiente ejemplo:

En 1999, la sonda marciana "Climate Orbiter" se perdió al entrar en la atmósfera marciana. Al principio, los ingenieros se preguntaban qué había salido mal.

El desenlace no se hizo esperar y se convirtió en una triste comedia. Un subcontratista de la NASA utilizó el sistema inglés/imperial de unidades y calculó las distancias necesarias para aterrizar en Marte en pulgadas y pies. Un segundo equipo de control de la NASA adoptó los valores, pero calculados en metros y centímetros. En consecuencia, los datos eran incorrectos y la sonda se quemó en la atmósfera en su aproximación a Marte. Este costoso ejemplo demuestra lo importante que es utilizar un sistema uniforme. Por ello, para poder calcular las magnitudes físicas de forma significativa, es necesario introducir un sistema de unidades internacionalmente válido.

En tecnología, es el "Système International d'unités" o Sistema Internacional de unidades.

 En el Sistema Internacional de unidades se definieron exactamente siete unidades básicas. Por lo tanto, las unidades de las cantidades también se denominan unidades del SI.

Las unidades del SI se definieron casi todas mediante constantes naturales. Cada unidad básica se define por una magnitud básica, un símbolo en una fórmula y una unidad o símbolo de la unidad. A lo largo del libro, trataremos todas las magnitudes físicas y sus unidades en el SI. Como resumen recomendamos la siguiente tabla con las siete unidades básicas:

Magnitud básica	Símbolo en una fórmula	Unidad nombre	Unidades-símbolo
Tiempo	t	Segundo	s
Longitud	s, l, x	Metro	m
Masa	m	Kilogramo	kg
Corriente eléctrica	I	Amperio	A
Temperatura	T	Kelvin	K
Cantidad de sustancia	n	Mol	mol
Intensidad de la luz	I_v	Candela	cd

También hay que tener en cuenta que hay unidades "naturalizadas". Por ejemplo, mil kilogramos se llaman una tonelada = 1000 kg = 1 t.

Para las unidades de longitud y superficie, también suelen utilizarse los prefijos centímetro (1 cm = 0,01 m), decímetro (1 dm = 0,1 m) y ar (1 a = 100 m²).

2.4 Unidades derivadas del SI

En física, hay muchas otras magnitudes, como el área A, la fuerza N o el voltaje U. Todas estas magnitudes pueden derivarse de las magnitudes del SI. Por tanto, se habla de unidades derivadas del SI.

El área A es una unidad derivada del SI.

$$\text{Área} = longitud \cdot longitud \text{ con } m \cdot m = m^2$$

Es habitual escribir una cantidad física entre corchetes y luego indicar la unidad.

A efectos de este libro, se mantendrá esta convención; si algo está entre corchetes, es una unidad.

Por ejemplo: La unidad de tiempo es el segundo $[t] = s$.

2.5 Representación de diferencias

Si se quiere representar la diferencia de una cantidad en física, se utiliza para ello una delta Δ. Para la diferencia entre dos cantidades de energía, por ejemplo, se escribe $E_2 - E_1 = \Delta E$.

La delta mayúscula describe una diferencia.

El diferencial

Hagamos ahora este delta cada vez más pequeño en nuestros pensamientos. Los valores E2 y E1 siguen acercándose, pero nunca llegan a ser exactamente iguales. Para esta aproximación de una diferencia infinitamente pequeña, se utiliza el diferencial. El delta grande se convierte en una d pequeña.

$\Delta E \to dE$

El cambio de una cantidad respecto a otra se escribe como un cociente de diferenciales.. Por ejemplo, la velocidad es igual a la variación de la distancia respecto al tiempo.

Como representación diferencial:

$$v = \frac{s_2 - s_1}{t_2 - t_1} = \frac{\Delta s}{\Delta t} \to \frac{ds}{dt}$$

2.6 Conservación de la energía y eficiencia

La mayoría de las leyes físicas deben considerarse "dadas por la naturaleza". Se puede profundizar cada vez más en estas leyes hasta llegar al nivel de las partículas más pequeñas. Sin embargo, como siempre, en este marco, se prescinde de una derivación detallada y en su lugar se centra en la comprensión y los ejemplos prácticos. Lo mismo ocurre con la conservación de la energía.

La conservación de la energía afirma que existe una cantidad fija de energía en el universo y que ésta no puede ser destruida, ni creada. La energía sólo puede convertirse en diferentes formas. Ya conocemos la mayoría de las formas, como la energía térmica o la energía cinética.

Por ejemplo, en una central eólica, la energía cinética del viento se absorbe como energía de rotación y luego se convierte en energía eléctrica.

Una limitación surge del hecho de que cada conversión produce una proporción de energía no utilizable, principalmente en forma de calor. La relación entre la cantidad de energía que se retiene durante una conversión y la que se pierde se describe mediante la eficiencia. La eficiencia es una cantidad adimensional y se abrevia con la letra griega η (eta). La eficiencia se define como la relación entre la energía utilizable y la energía total

$$\eta = \frac{energía\ utilizable}{energía\ total}$$

Al convertir la energía de una forma a otra, la eficiencia describe la relación entre la energía utilizable después de la conversión y la energía total antes de la conversión. $\eta = \dfrac{energía\ después\ de\ la\ conversión}{energía\ antes\ de\ la\ conversión}$

Energía Inyectada

Energía utilizable

Pérdidas (por ejemplo, de calor)

Es fácil ver que la eficiencia está siempre entre cero y uno. La eficiencia suele expresarse en forma de porcentaje. Con una eficiencia de exactamente 1 (= 100 %), toda la energía se convierte sin pérdidas. Con una eficiencia de cero, la energía completa no se puede utilizar después de la conversión.

En relación con la eficiencia, a menudo se utilizan los términos exergía y anergía.. La exergía describe la parte de la energía que se puede utilizar. En el caso de la conducción de un coche, es la parte de la energía que se convierte en propulsión para el movimiento. El calor residual, es decir, el calentamiento del motor, la energía no utilizada, se denomina anergía.

Ejemplos de la vida cotidiana :

Hoy en día, los módulos fotovoltaicos tienen una eficiencia de alrededor del 20 %. Esto significa que sólo una quinta parte de la energía solar se convierte en electricidad. Y esta electricidad debe ser convertida a la tensión adecuada para el enchufe o almacenada, por lo que pueden producirse pérdidas del orden del 2 al 10%.

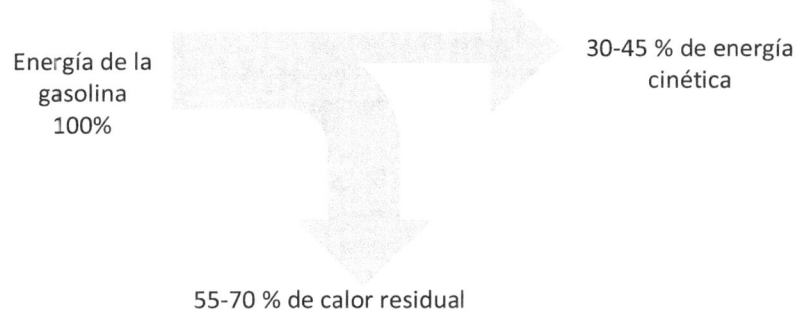

Energía de la gasolina 100%

30-45 % de energía cinética

55-70 % de calor residual

Un motor de combustión clásico tiene un rendimiento de alrededor del 45 %, mientras que un motor eléctrico, como los que utilizan VW, Tesla o Audi en sus modelos electrónicos, tiene un rendimiento de más del 90 %.

Los LEDs convierten aproximadamente el 40-50% de la energía eléctrica en luz. El resto lo necesita la electrónica de control para estabilizar el flujo de corriente y se convierte en calor. Con las lámparas incandescentes convencionales, las bombillas coloquiales, la eficiencia es significativamente menor, aquí sólo el 10 - 20 % de la energía se convierte en luz, el resto se libera en forma de calor.

Sin embargo, una central eléctrica de carbón, que se supone convierte la energía del carbón únicamente en energía eléctrica, genera más del 60 % de energía térmica, es decir, un rendimiento de sólo algo menor del 40 %.

Si se realizan varios procesos o conversiones sucesivas, la eficiencia total se obtiene multiplicando las eficiencias individuales.

Ejemplo: Un aerogenerador puede convertir el 50% de la energía cinética del viento en energía de rotación. A continuación, la velocidad del rotor se incrementa mediante una caja de cambios. La caja de cambios tiene un rendimiento del 95 %. El generador, que finalmente proporciona la energía eléctrica, tiene un rendimiento del 90%. El rendimiento global de la turbina eólica es, por tanto, el siguiente

$\eta_{Total} = \eta_1 \cdot \eta_2 \cdot \eta_3 = 0{,}5 \cdot 0{,}95 \cdot 0{,}9 = 0{,}4275$ (que corresponde al 42,75 %)

La eficiencia es un aspecto importante a la hora de desarrollar y promover tecnologías, ya que suele estar estrechamente relacionada con la viabilidad económica.

Sin embargo, siempre hay que tener en cuenta el contexto. La energía solar y la eólica están disponibles en cantidades ilimitadas y de forma gratuita. Por lo tanto, la eficiencia del 20 % y del 40 %, respectivamente, no es un criterio de eliminación para esta tecnología. En cambio, el gas o la gasolina son materias primas y, por tanto, tienen un precio de mercado, por lo que hay que extraer la mayor cantidad de exergía posible de las materias primas para poder operar de forma rentable.

Si quemamos petróleo por valor de 100 euros, en el proceso debe generarse electricidad por valor de al menos 100 euros. Cada porcentaje de aumento de la eficiencia va directamente a la balanza económica.

Otro paso en falso que cometen, muy a menudo, las personas poco calificadas técnicamente es la confusión de potencia y energía. Especialmente cuando se trata de energías renovables, los términos se utilizan de forma incorrecta y se mencionan, una y otra vez, cantidades y unidades inapropiadas. De modo que cualquier ingeniero sólo puede agarrarse la cabeza por la incomprensión. La diferencia se explicará claramente en las secciones a continuación.

2.7 La energía

Los términos energía y trabajo se utilizan en física para la misma cantidad física. La energía o el trabajo realizado se abrevia como E o W.

El trabajo describe el proceso de conversión de una forma de energía en otra. "El trabajo es hecho cuando se levanta una piedra pesada". La energía dada se refiere al trabajo almacenado en un sistema. La piedra tiene energía potencial después de ser levantada. Desde el punto de vista práctico y matemático, los términos deben utilizarse de la misma manera. Para el cálculo se utilizan las mismas unidades y fórmulas.

En términos generales, se puede pensar en la energía como el agua almacenada en un depósito: Es una cantidad fija.

Su unidad en el SI es el julio [J]. $1\,J = 1\,\frac{kg \cdot m^2}{s^2}$.

Las unidades alternativas son los vatios-segundo Ws o los kilovatios-hora kWh. Las unidades naturalizadas para la energía son, por ejemplo, las kilocalorías kcal. Con las kilocalorías indicamos la energía en nuestros alimentos.

2.8 La potencia

 La potencia, por otro lado, es una cantidad física que describe la energía o el trabajo que se convierte o realiza en un tiempo determinado.

$$P = \frac{\Delta E}{\Delta t}$$

La unidad de potencia es el vatio, que corresponde a energía por unidad de tiempo. La unidad de energía es el julio, la unidad de tiempo es el segundo.

Por tanto, un vatio equivale a un julio por segundo. $1 \frac{J}{s} = 1 \text{ W}$.

En nuestra factura de luz, la energía se indica en kWh, es decir, cuántos kW de potencia se han utilizado durante cuántas horas.

Excursus: Caballo de vapor o caballo de fuerza métrico.

Otra unidad de potencia es el caballo de vapor.

Esta unidad de potencia se remonta a James Watt. La potencia describe el rendimiento medio continuo de un caballo de trabajo. No está claro qué caballo y qué medida de potencia se tomó como referencia. Hay muchas suposiciones. Por ejemplo, que James Watt utilizó un caballo de foso como vara de medir. El caballo sacaba los sacos de carbón de los pozos mediante cuerdas y poleas. Para el cálculo se utilizó el tiempo de trabajo, el peso de los sacos de carbón y la altura levantada. 1 CV corresponde aproximadamente a 735 W.

Al final, el caballo de vapor sólo pudo establecerse con los fabricantes de motores. En física, el vatio, también llamado así por James Watt, se utiliza casi sin excepción.

 Si una potencia P es efectiva durante un periodo t, una energía E, con $E = P \cdot t$, se convierte.

 Físicamente, se debería decir: Se ha hecho un trabajo $W = P \cdot t$. En el contexto de este libro, utilizamos la formulación común de energía y prescindimos de ella a favor de una mejor comprensión.

Ejemplo: Un secador de pelo tiene

 una potencia de 2000 W o 2 kW. Si se deja funcionar el secador de pelo durante un segundo, el secador consume (en realidad no es correcto, porque la energía se convierte en calor y no se "consume") una energía de

$2000 \, W \cdot 1 \, s = 2000 \, Ws = 2 \, kJ.$

Después de media hora, el secador de pelo habrá consumido $2 \text{ kW} \cdot 0{,}5 \text{ h} = 1 \text{ kWh}$, después de una hora 2 kWh y así sucesivamente. La potencia se mantiene constante todo el tiempo en 2 kW mientras que la energía depende del

tiempo transcurrido.
Si quieres convertir J o kJ en kWh o viceversa, se aplica la conversión:

$$1\,J = 1\,Ws = 1\,W \cdot \frac{1h}{3600\,s} = 2{,}8 \cdot 10^{-7}\,kWh = 0{,}00000028\,kWh$$

$$1\,kWh = 3600\,kWs = 3600\,kJ$$

Ponte a prueba: ¿Qué unidades son correctas y cuáles no? No se trata de que los números sean correctos, sino de las unidades.

En una hora, un refrigerador consume 100 W.
Incorrecto - Un refrigerador tiene una potencia de consumo de energía de 100 W. En una hora consume 100 Wh en consecuencia·100 Wh =0,1 kWh

Francia tiene una demanda anual de electricidad de 500 TWh.
Correcto: la demanda de energía se expresa en TWh.

La demanda máxima de potencia eléctrica en Francia es de aproximadamente 70 GWh.
Incorrecto - La potencia se da en W. La cifra correcta sería 70 GW.

Un Tesla Model 3 tiene un motor de potencia 360 kW y una capacidad de batería de 75 kWh.

Ambas cosas son correctas: la potencia se indica en W (360 kW corresponden a unos 490 CV), y la energía almacenada por la batería en kWh. (El término capacidad de la batería no es físicamente correcto, ya que la capacidad es una medida diferente. Coloquialmente, se refiere a la cantidad de energía almacenada).

100 g de pan contienen una energía de aproximadamente 1 MJ.
Correcto: aunque la unidad joule no es habitual en los alimentos, es una forma de energía. 1 MJ corresponde a unas 240 kilocalorías.

Herbert consume 150 W cuando corre en bicicleta. ¿Cuánta energía gasta en dos horas de ciclismo? ¿Cuántas kcal son? (1 kWh = 860 kcal)

La energía resulta ser la potencia por el tiempo efectivo. Por lo tanto, un total de 300 Wh = 0,3 kWh. Esto corresponde a 258 kcal. Sin embargo, debido a las pérdidas durante la conversión, Herbert quema bastante más de 258 kcal en la práctica.

Un joven entrenado puede producir unos 100 W de potencia continua. Recordemos que un caballo de foso puede producir un caballo de potencia, que corresponde a unos 735 W.

3 Del modelo de agua al circuito

Si no conoces el tema de la ingeniería eléctrica, muchos de los términos utilizados son abstractos y difíciles de imaginar. Se necesita tiempo y práctica para definir los términos y clasificarlos correctamente. Para facilitar la memorización de los términos, utilizamos un modelo.

 Un modelo es una simplificación de la realidad y trata de trasladar hechos nuevos y complejos a lo que ya se conoce.

En nuestro caso, se pueden utilizar muchas analogías para trasladar el tema del circuito eléctrico a un ciclo de agua conocido. Cada componente del ciclo de agua se yuxtapone a un componente correspondiente del circuito eléctrico :

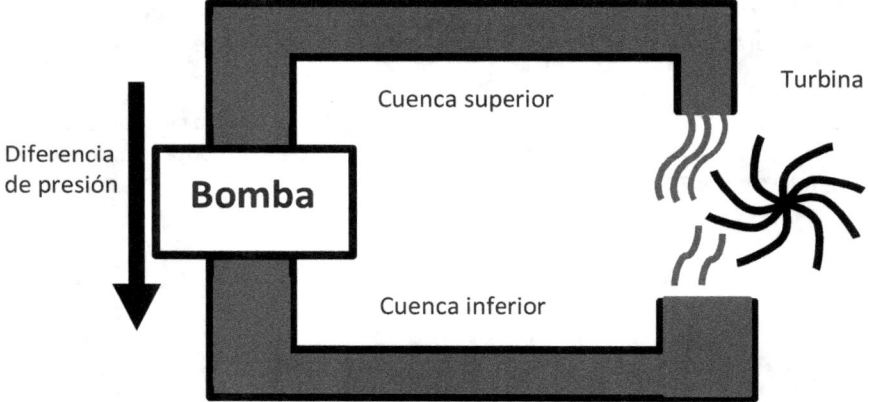

Figura 7 Ciclo de agua

Simplificando, el ciclo de agua consta de dos depósitos de agua, una bomba de agua, tuberías que transportan el agua y un consumidor, por ejemplo, una turbina, una rueda hidráulica o un dispositivo similar.

Una cuenca de agua está más alta que la otra. La bomba bombea constantemente el agua hacia arriba. En consecuencia, el agua de la cuenca superior tiene una mayor energía potencial. Hay una diferencia de presión entre la cuenca superior y la inferior.

El agua corre por las tuberías y a través del consumidor vuelve a la cuenca inferior. El consumidor es impulsado por el agua en movimiento. El agua transmite así la energía de la bomba al consumidor. Para cada elemento del ciclo de agua, buscamos un elemento correspondiente en el circuito eléctrico.

Empecemos por las tuberías por las que fluye el agua. En el circuito eléctrico, son los cables o hilos por los que circula la corriente. El agua del ciclo de agua corresponde a nuestra corriente, que consiste en electrones en movimiento. Pero,

¿cómo se construye realmente un conductor y cómo pueden moverse los electrones en él? Veamos el material muy de cerca.

3.1 Átomos, electrones, protones

Para entender los distintos efectos de la ingeniería eléctrica, primero hay que echar un vistazo a los componentes básicos de la física: los átomos. Todo material está formado por átomos en el nivel más pequeño. Un átomo está formado por partículas con carga positiva, los protones, partículas sin carga, los neutrones y partículas con carga negativa, los electrones.

El símbolo en una fórmula de la carga es Q y la unidad de carga es el culombio, C. En unidades del SI, $1\,C = 1\,A \cdot 1\,s = 1\,As$. Por lo tanto, la carga se da en C o As.

Las partículas (protones y electrones) ambas tienen la misma carga. Esta se llama carga elemental y se abrevia como e, que no debe confundirse con el número de Euler, que también se abrevia como e. Esto es confuso, pero normalmente se puede saber, por el contexto, de qué abreviatura estamos hablando.

La carga elemental tiene el valor de $\mathbf{e = 1{,}602 \cdot 10^{-19}}$ coulomb. Un electrón tiene una carga de $\mathbf{Q = -e}$ y un protón tiene una carga de $\mathbf{Q = +e}$.

Como la carga de un átomo es globalmente neutra, éste tiene el mismo número de electrones que de protones. Los protones y los neutrones forman el núcleo atómico, mientras que los electrones se mueven alrededor del núcleo. Casi toda la masa del átomo está en el núcleo atómico.

Cada elemento, como el hidrógeno, el oxígeno, el carbono, el hierro o incluso el níquel, el cobre y el zinc, tiene un número muy específico y único de protones y electrones que lo mantienen unido.

El elemento más pequeño y ligero es el hidrógeno. Tiene número atómico uno, lo que significa que está formado por un solo protón y un electrón. No tiene neutrones. El hierro, en cambio, tiene número atómico 26, es decir, consta de 26 protones. Además, hay 30 neutrones en el núcleo, por lo que el átomo de hierro es unas 56 veces más masivo que el núcleo de un átomo de hidrógeno.

Una molécula como el dióxido de carbono, por ejemplo, se forma cuando se combinan varios átomos individuales, en este caso un átomo de carbono con dos átomos de oxígeno para formar CO_2. De ahí el nombre de di (dos) óxido (óxido-compuesto de oxígeno) de carbono. -. Las moléculas pueden formarse mediante diversas reacciones incluso en condiciones normales. Por ejemplo, la oxidación del metal es una reacción del hierro Fe y el oxígeno O para formar óxido de hierro Fe_2O_3 - la capa de óxido rojo. Este funcionamiento básico, en el que los elementos se combinan con otros elementos por medio de influencias externas, absorbiendo o liberando energía en el proceso, es esencial para nuestra vida y t tendrá importancia aún más a menudo.

 Si observamos la estructura de un átomo con más detalle, veremos que los electrones no se mueven al azar alrededor del núcleo atómico, sino que viajan por caminos definidos, llamados orbitales.

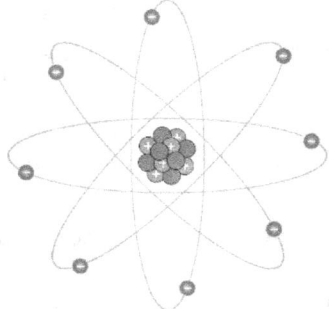

Figura 8 Estructura de un modelo atómico

Se denominan capas que pueden contener diferentes números de electrones. La capa más interna (capa K), que está cerca del núcleo, sólo puede contener dos electrones; la segunda (capa L) puede contener 8 electrones, la tercera (capa M) hasta 18 electrones y así sucesivamente. En total, hay hasta siete capas, dependiendo de cuántos protones y, por tanto, cuántos electrones tenga un átomo.

Si un átomo tiene sólo 2 electrones, sólo se llena la primera capa. Si tiene 11 electrones, la primera y la segunda capa están completamente llenas y hay un solo electrón en la tercera capa .

3.2 ¿Cuándo un material conduce la electricidad?

La electricidad no es más que portadores de carga en movimiento. Por lo tanto, un material es un buen conductor si los portadores de carga pueden moverse fácilmente. Como los protones están fijos en el núcleo, sólo quedan los electrones, que pueden moverse libremente, pero son atraídos por el núcleo positivo. Como los electrones de las capas exteriores no son atraídos con tanta fuerza, pueden desprenderse del núcleo atómico con mayor facilidad.

 Por lo tanto, los electrones de las capas exteriores son de gran importancia para la conductividad de una sustancia.

Los electrones que se encuentran en la capa más externa se llaman también electrones de valencia. Los metales como el hierro, el cobre o el aluminio forman una estructura reticular especial en la que los electrones de valencia pueden moverse libremente.

 En los metales, los electrones de valencia zumban alrededor del retículo como un gas homogéneo; esto también se denomina nube de electrones o gas de electrones en el metal.

Los materiales no conductores, como la mayoría de los plásticos, no forman un retículo y mantienen sus electrones de valencia con ellos. Esto significa que los electrones no pueden fluir a través del material.

 Lo que generalmente conocemos como corriente no es otra cosa que el movimiento de electrones de valencia de A a B. Un flujo de corriente consiste en portadores de carga en movimiento.

Volvamos a nuestro modelo de agua. Los electrones de valencia se mueven libremente y, por tanto, corresponden al agua en el ciclo de agua. Estos transfieren las cargas o la energía en el circuito. A continuación, trataremos la diferencia de presión entre las cuencas. Esto es causado por la gravedad, matemáticamente hablando, debido al campo gravitacional de la tierra. Análogamente, encontramos el campo eléctrico en el circuito.

4 El campo eléctrico

En primer lugar, aclaremos las propiedades del campo gravitatorio de la Tierra. Éste garantiza que todo en este planeta experimente una atracción hacia el centro de la Tierra. El principio en el que se basa es que las masas se atraen entre sí. Cuanto más grande sean las masas y más cerca estén unas de otras, más fuerte será la fuerza de atracción.

En nuestro ciclo del agua, esto significa que el agua puede accionar la turbina porque fue bombeada por la bomba, es decir, fue elevada contra la fuerza de la gravedad o el campo gravitatorio de la tierra. Desde el punto de vista físico, se ha realizado un trabajo, por tanto, se ha suministrado energía potencial al agua. Esto ha creado una diferencia de presión. Cuando el agua baja por las tuberías, la presión se transforma en el consumidor (la turbina).

De forma análoga, en la ingeniería eléctrica existen campos eléctricos y magnéticos que asignan potenciales a los electrones. Pero, en todo caso ¿qué es un campo, cómo puede imaginarse?

4.1 Representación de los campos E

En primer lugar, todo campo tiene una causa.

 En el campo eléctrico o simplemente campo E, la causa son las partículas cargadas. Los campos eléctricos se forman alrededor de las partículas cargadas.

Una acumulación de carga positiva se denomina polo positivo, y una acumulación de portadores de carga negativa, polo negativo.

Para poder representar el campo, uno dibuja líneas de campo que comienzan en la causa.

 Las líneas de campo siempre apuntan lejos de una carga positiva y hacia una carga negativa. La densidad de las líneas de campo indica la intensidad del campo.

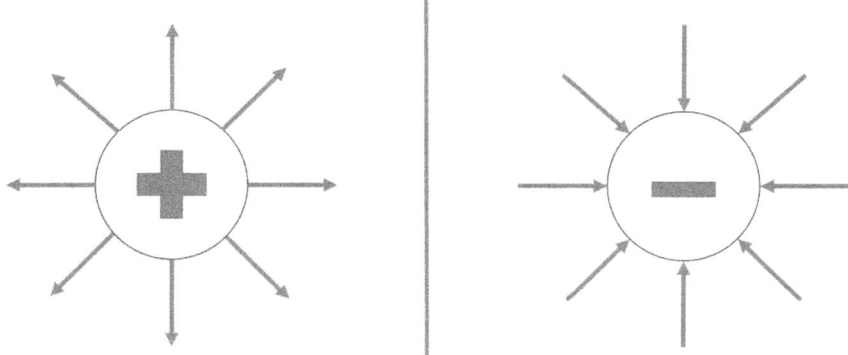

Figura 9 Líneas de campo de una carga puntual

La figura muestra que las líneas de campo (flechas azul claro) están claramente más juntas (más densas) en el círculo que representa la carga puntual que lejos de él. Esto significa que el campo es correspondientemente más fuerte allí.

Si varios portadores de carga se encuentran, se crea una gran variedad de líneas de campo.

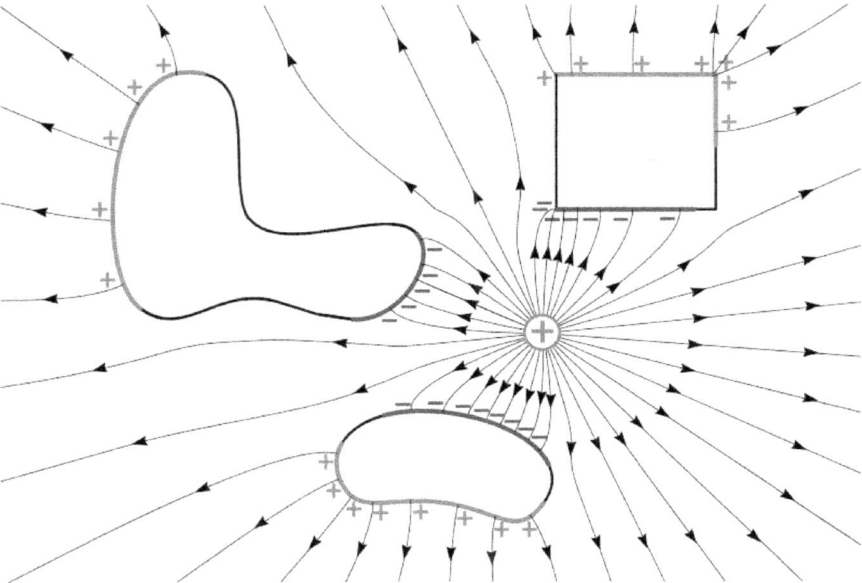

Figura 10 Líneas de campo eléctrica

Las líneas de campo están desordenadas y no parecen seguir ningún orden.

Si, por el contrario, las líneas de campo son paralelas, hablamos de un campo homogéneo. El campo tiene el mismo valor en cada punto. Este es el caso, por ejemplo, si tenemos dos placas metálicas planas , una frente a la otra, sobre las que se colocan los portadores de carga.

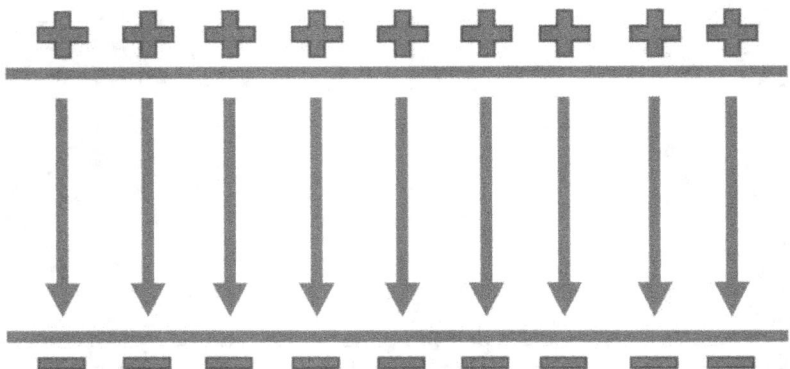

Figura 11 Campo eléctrico homogéneo

4.2 La fuerza en el campo eléctrico

Si colocamos una carga de prueba, porejemploun protón, en el campo, éste es repelido por el polo positivo y atraído por el negativo. La partícula experimenta, así, una fuerza a lo largo de las líneas de campo. Basándonos en este hecho, podemos derivar la definición de la intensidad del campo eléctrico E.. Este se define como la fuerza F que el campo ejerce sobre una carga de prueba Q.

$$E = \frac{F}{Q}$$

El campo también suele escribirse como un vector, $\vec{E}$. Esto se debe a que el campo no sólo ejerce una fuerza sobre la partícula, sino que la fuerza también tiene una dirección en el espacio.

 El cálculo se refiere siempre a la intensidad del campo eléctrico. En el lenguaje común, sólo se utiliza "campo eléctrico". En sentido estricto, esto no es correcto, ya que el "campo" sólo describe la distribución espacial, pero no su fuerza.

La unidad de la intensidad del campo eléctrico resulta, en consecuencia, en

$[E] = \frac{N}{C} = \frac{kg \cdot m}{As^3}$. Otra unidad para la fuerza del campo eléctrico es voltios por metro $\frac{V}{m}$.

Resumen sobre el Campo eléctrico:

 Se forma un campo eléctrico donde hay cargas eléctricas.

 Para ilustrar esto, dibuje líneas de campo que se alejen de las cargas positivas y se acerquen a las negativas. La densidad de las líneas de campo corresponde a la intensidad del campo.

 El campo eléctrico ejerce una fuerza sobre una carga de prueba.

¿Qué fuerza experimenta un solo protón con una carga de $Q = 1{,}602 \cdot 10^{-19}$ C en un campo E con $E = 3 \cdot 10^9 \frac{N}{C}$?

Solución:

$$E = \frac{F}{Q}; \; F = E \cdot Q = 3 \cdot 10^9 \, \frac{N}{C} \cdot 1{,}602 \cdot 10^{-19} \, C = 4{,}8 \cdot 10^{-10} \, N$$
$$= 480 \, pN (\text{Piconewton})$$

¿Qué fuerza experimenta un electrón en el mismo campo E? ¿Cuál es la diferencia?

 Solución: Un protón tiene la misma carga que un electrón, pero un signo diferente. Por lo tanto, la fuerza es la misma para el electrón, pero con signo negativo (-480 pN). El protón es acelerado en la dirección opuesta.

Excursus : Líneas equipotenciales:

En la literatura más profunda, también se mencionan a menudo las líneas equipotenciales. Estas son perpendiculares a las líneas de campo eléctrico.

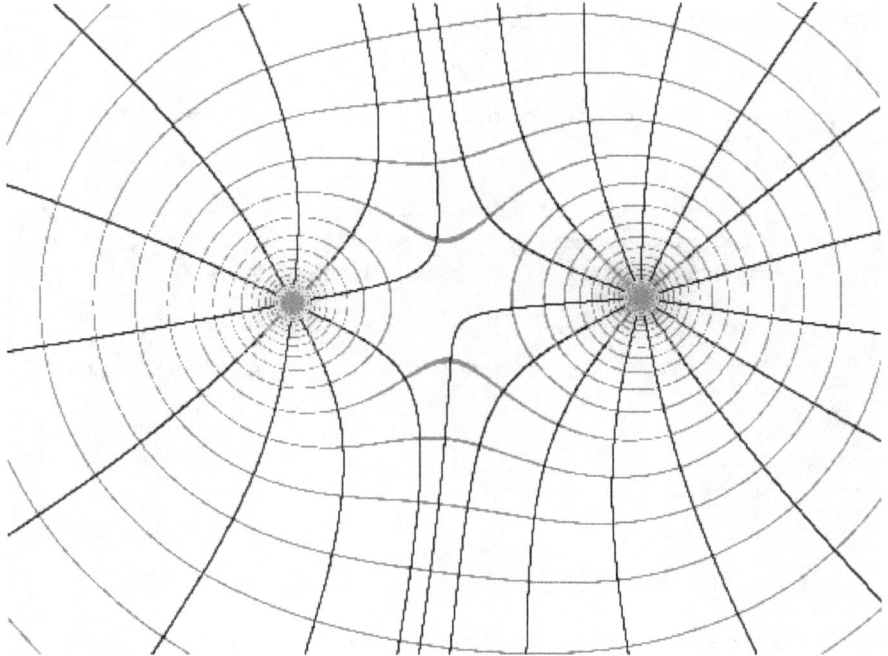

Figura 12 Líneas equipotenciales

Las líneas oscuras son las líneas de campo de las cargas puntuales. Las elipses representan las líneas equipotenciales. En los puntos de cruce, las líneas equipotenciales y las del campo E, son perpendiculares entre sí. En cada punto de las líneas equipotenciales prevalece el mismo valor del potencial eléctrico. Para entender el significado de las líneas equipotenciales, primero hay que conocer el potencial eléctrico y la tensión U.

4.3 El potencial eléctrico y la tensión U

El potencial eléctrico, también llamado potencial electrostático, se abrevia como φ (letra griega minúscula Phi). Tiene la unidad de volt, V.

 El potencial eléctrico describe la energía potencial de una carga de prueba en un campo eléctrico. El campo eléctrico asigna un potencial a cada punto del espacio.

De forma análoga al ciclo del agua, es la presión absoluta que posee y ejerce el agua a través de la altura. La presión ejercida por la cuenca de agua a cierta altura está determinada por el campo gravitatorio de la tierra. Como ejemplo simplificado, la cuenca superior tiene una presión de gravedad de un bar y la cuenca inferior tiene una presión de cero bar.

Sin embargo, en el ciclo de agua no importan las presiones absolutas, sino sólo la presión relativa, es decir, la diferencia de presión entre la cuenca inferior y la superior.

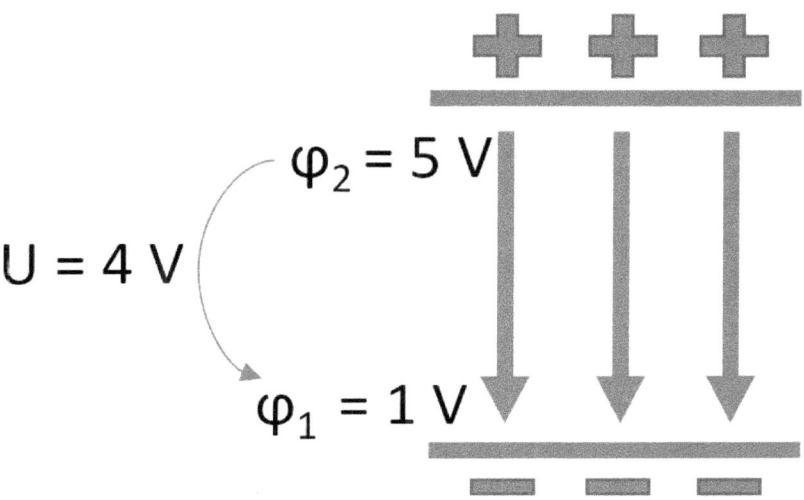

Figura 13 Potenciales y tensión en el campo E homogéneo

La diferencia entre dos potenciales φ2- φ1 se llama tensión U. La tensión también tiene la unidad volt, V.

En el caso de la tensión, siempre hay que asegurarse de que sólo indica una diferencia de potencial. Por lo tanto, siempre se necesita un potencial de referencia.

Pero, ¿qué es exactamente nuestra bomba ahora? La bomba del ciclo de agua corresponde a una fuente de tensión en el circuito eléctrico. Una fuente de tensión es, por ejemplo, una batería. Una pila AA estándar tiene un voltaje de 1,5 V. Esto significa que el polo positivo, es decir, el punto de contacto superior de la pila, tiene un potencial eléctrico superior en 1,5 V al del polo negativo.

El símbolo en un circuito de una fuente de tensión es un círculo con una línea continua. Toda fuente de tensión consta de un polo positivo y otro negativo. Una fuente de tensión ideal genera una tensión independientemente de la carga aplicada. En realidad, esto sólo es posible de forma aproximada.

En los circuitos eléctricos, se suele elegir al potencial más bajo como potencial de referencia. Esto significa que tiene el potencial de φ = 0 V, y todos los demás potenciales se especifican en relación con este potencial.

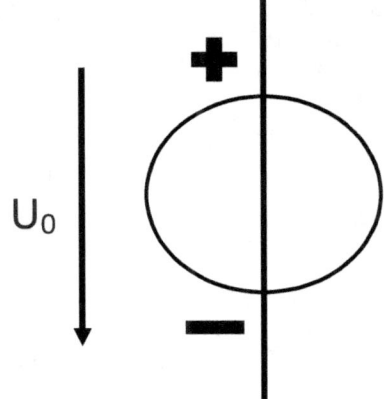

Figura 14 Símbolo del circuito de una fuente de tensión

 En ingeniería eléctrica, las tensiones son relevantes casi sin excepción. Los potenciales apenas se tienen en cuenta, ya que la corriente sólo puede fluir si existe una diferencia de potencial.

4.4 La corriente I

Ya hemos aprendido que el agua, en el ciclo del agua, corresponde a nuestros electrones. Pero en la vida cotidiana siempre hablamos de corrientes, es decir, de electrones en movimiento. Una medida de la intensidad del flujo de electrones es, por tanto, la intensidad de la corriente, abreviada con el símbolo símbolo I. La unidad de la corriente es el amperio, A.. Como la corriente indica el flujo de electrones, y cada electrón tiene una carga, la corriente indica cuánta carga se transfiere por unidad de tiempo.

$I = \frac{Q}{t}$ la unidad amperio es, por consiguiente $1 \text{ A} = 1 \frac{C}{s}$

 ¿Cuál es la corriente eléctrica cuando mil billones (10^{15}) de electrones, cada uno con una carga de $e = 1{,}602 \cdot 10^{-19}$ C, fluyen por segundo en un conductor?

Solución: Primero calculamos la carga. La carga total resulta ser la carga de un electrón por el número de electrones.

$Q = n \cdot e = 10^{15} \cdot 1{,}602 \cdot 10^{-19} \text{ C} = 1{,}602 \cdot 10^{-4} \text{ C} = 160{,}2 \text{ μC}$

A continuación, observamos el tiempo en el que esta carga fluyó..

$I = \frac{Q}{t} = 160{,}2 \frac{\mu C}{1 s} = 160{,}2 \text{ μA}$

Fuentes de energía

Al igual que las fuentes de tensión, también hay fuentes de corriente. No producen una diferencia de potencial, sino una corriente constante I, independiente de la tensión U aplicada. En el ciclo del agua, podemos imaginar una fuente de corriente como una bomba que genera un caudal de agua constante, es decir, que sólo impulsa el agua, pero no la eleva o aumenta la presión.

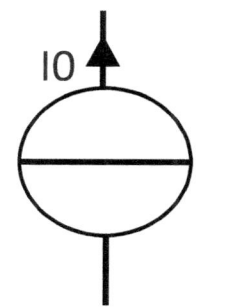

Figura 15 Símbolo de circuito de una fuente de corriente

4.5 Dirección técnica y física de la corriente

En ingeniería eléctrica y en el resto de las ciencias de la ingeniería, se utiliza la dirección técnica de la corriente. Pero, ¿qué significa eso exactamente?

En primer lugar, empecemos por la dirección física de la corriente.. Sabemos que los electrones son portadores de carga negativa que forman el flujo de corriente. Por lo tanto, la corriente fluye desde donde hay más electrones hacia donde hay menos electrones. Como los electrones están cargados negativamente, la corriente fluye del polo negativo al positivo. Este es el sentido "físico" de la corriente o la dirección del flujo de los electrones.

 El término "dirección física de la corriente" es algo engañoso, ya que en la física suele utilizarse, también, la dirección técnica de la corriente. La "dirección física de la corriente" sólo corresponde a la dirección del movimiento de los electrones, no a la dirección que se utiliza realmente en ingeniería eléctrica.

Sin embargo, la corriente y sus propiedades se descubrieron antes de que se supiera exactamente si los portadores de carga positivos o negativos eran los responsables del flujo de corriente. Se asumió erróneamente que los portadores de carga positiva, es decir, los protones, forman el flujo de corriente. Por lo tanto, en esta concepción del modelo, la corriente fluye del polo positivo al negativo. Esta notación se ha mantenido hasta hoy. Nada cambia en los cálculos, los efectos, etc. Sólo es bueno saber que el flujo de corriente en la realidad es diferente al que dibujamos.

 El sentido técnico de la corriente se utiliza en todos los esquemas, dibujos y circuitos.

Para no confundirnos del todo, recordemos:

 En un circuito técnico, la corriente siempre fluye del polo positivo al negativo.

El campo eléctrico

5 El campo magnético

Al igual que el campo gravitatorio, el campo magnético nos resulta familiar en nuestra vida cotidiana. Todo el mundo conoce los imanes, por ejemplo, para pegar notas en un tablón de anuncios. Dado que estos imanes son permanentemente magnéticos, también se denominan imanes permanentes.

Hay muchas similitudes y analogías entre los campos magnéticos y eléctricos. Por lo tanto, al final del capítulo volveremos a comparar los campos magnéticos y eléctricos.

 La intensidad del campo magnético tiene el símbolo H. Ya que también tiene una dirección, al igual que el campo eléctrico, a menudo se describe como $\vec{H}$. La unidad del campo magnético es $\frac{A}{m}$.

A menudo no se necesita el campo magnético absoluto, sino la densidad de flujo magnético $\vec{B}$. Éste indica la intensidad del flujo magnético en el campo magnético. También Tambien sirve para indicar la fuerza que actúa sobre una carga de prueba.

No nos interesa el campo magnético completo de un cuerpo, sino sólo los "efectos", y estos se describen mediante la densidad de flujo.

 Puedes imaginar el campo magnético como una cascada. No nos interesan la extensión y el tamaño completos de la cascada, sino sólo la densidad del flujo del agua que cae.

! La intensidad del campo magnético $\vec{H}$ es menos importante en la tecnología. Casi sin excepción, se utiliza la densidad de flujo $\vec{B}$ para los cálculos.

Por lo tanto, generalmente se habla de un campo B como una abreviatura del campo magnético (análogo al campo E - el campo eléctrico).

La unidad de densidad de flujo magnético es el Tesla T, o Newton por amperio por metro. $1\,T = 1\,\frac{N}{A \cdot m}$

La densidad de flujo magnético y el campo magnético están directamente relacionados a través de la **permeabilidad μ**.

$$\vec{B} = \mu_0 \mu_r \cdot \vec{H}$$

$\mu_0 = $ Permaebilidad en el vacío $= 1{,}257 \cdot 10^{-6} \dfrac{Vs}{Am}$

$\mu_r = $ Permeabilidad relativa (dependiente de la sustancia)

Permeabilidades comunes μ_r, por ejemplo, como la del hierro o ferrita con μ_r a 15.000.

Ahora que hemos aprendido sobre las cantidades físicas, llegamos a la causa de un campo B. Un campo eléctrico se crea cuando las partículas cargadas forman un polo positivo y otro negativo.

 La causa del campo magnético en un imán permanente no son las partículas cargadas, sino los llamados imanes elementales.

5.1 Imanes elementales

Se trata, de nuevo, de un modelo físico. Cada elemento está formado por innumerables pequeños imanes elementales. Estos imanes elementales no se pueden separar porque representan una unidad mínima. Al igual que un imán "grande", constan de un polo norte y otro sur. Los polos iguales se repelen, los polos diferentes se atraen.

En la mayoría de los materiales, estos imanes elementales están dispuestos aleatoriamente Los polos respectivos se neutralizan mutuamente y el material no es magnético.

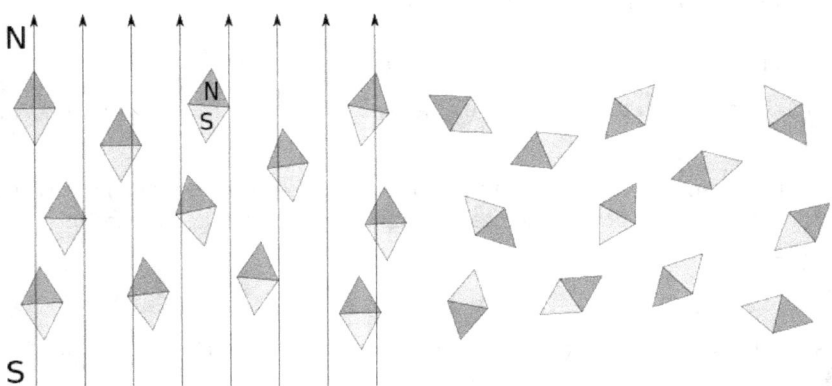

Figura 16 Imanes elementales

Con los materiales magnéticos es diferente. Allí, todos los imanes elementales están alineados. Esto crea un polo norte y un polo sur: el material es magnético. Los imanes más conocidos son los de neodimio. Se componen del elemento neodimio (Nd), que pertenece a las tierras raras, el hierro y el boro. Debido a su intensidad extrema, los imanes de neodimio se utilizan en muchos ámbitos, por ejemplo, en los generadores asíncronos de las turbinas eólicas o en los accionamientos de los coches eléctricos.

Magnetizar materiales

Tal vez sepa que se pueden magnetizar ciertos metales no magnéticos con la ayuda de un imán permanente. Si se pasa un imán permanente a lo largo del metal varias veces, éste gradualmente se vuelve ligeramente magnético. En el proceso, el imán permanente alinea los imanes elementales del metal en una dirección. Con el tiempo, los imanes elementales se ordenan y permanecen en su posición. Se crea un polo norte y un polo sur y el metal se magnetiza.

5.2 Visualización de los campos magnéticos

Al igual que el campo eléctrico, el campo magnético se representa mediante líneas de campo.

 A diferencia de las líneas de campo eléctrico, las líneas de campo magnético son siempre autónomas, es decir, no tienen un punto de partida ni de llegada.

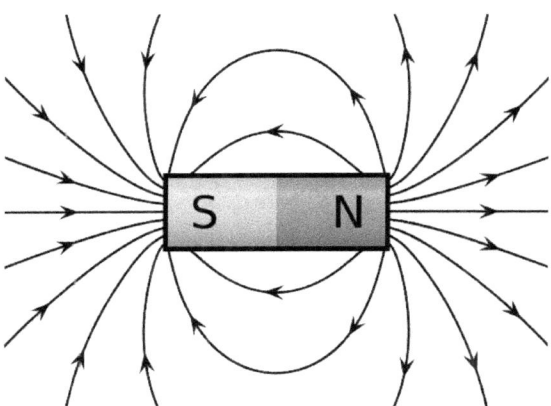

Figura 17 Líneas de campo magnético de un imán permanente

La ilustración muestra las líneas magnéticas de un imán permanente. Pero estas no están cerradas en sí mismas, ¿lo están?.

Sí, son cerrados, porque las líneas del campo magnético continúan en el interior del imán desde el polo sur hasta el polo norte, de modo que se forma un círculo cerrado. Sólo nos interesan las líneas de campo exteriores, por lo que muchas ilustraciones sólo muestran las líneas de campo magnético exteriores.

Podemos dibujar las líneas de campo magnético como una flecha de un polo a otro, sabiendo que las líneas de campo continúan dentro del imán. Para las líneas de campo magnético exterior es cierto, entonces, que el punto inicial es siempre el polo norte y el punto final el polo sur.

La densidad de las líneas de campo magnético indica, como en cualquier campo, la intensidad del campo magnético y por tanto es una medida de la densidad de flujo $\vec{B}$.

Un campo B se distribuye tridimensionalmente en el espacio. Al dibujar sobre un plano bidimensional, por ejemplo, en una hoja de papel, se ha establecido una convención. Un campo magnético que apunta dentro del plano dedibujo se indica con una cruz. Si apunta fuera del plano de dibujo, se marca con un punto.

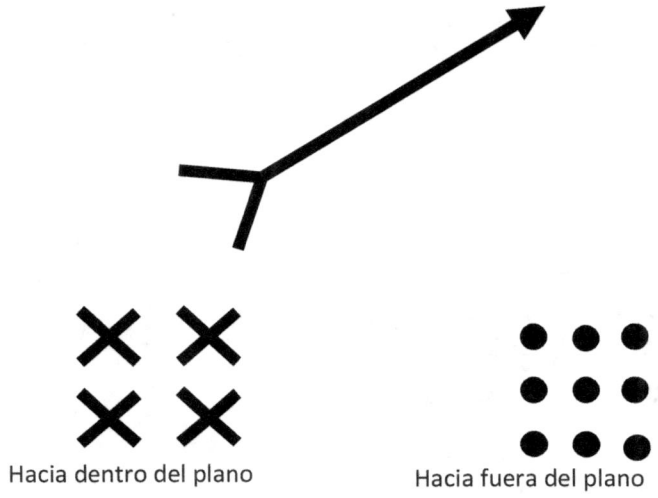

Figura 18 Representación de las líneas de campo

Puedes recordar esta definición por una flecha india. Si disparas la flecha hacia el plano, verás la cola, que es una cruz bidimensional. Si la flecha vuela hacia nosotros, sólo vemos la punta, es decir, un punto.

5.3 Electromagnetismo

Los campos magnéticos estáticos, como el de un imán permanente, son ilustrativos y conocidos. Mucho más complejos de entender son los campos magnéticos generados por la electricidad, por ejemplo, en un motor eléctrico.

El electromagnetismo es uno de los efectos más importantes de nuestro tiempo y se encuentra en casi todas partes. El electromagnetismo desempeña un papel en el coche eléctrico, en la transmisión de datos, en la transmisión de alta tensión de nuestra red eléctrica y en todas las fuentes de alimentación de un PC, una portátil o un smartphone.

Para entender el efecto, retrocedamos un poco en el tiempo. En 1820, el físico Hans Christian Ørsted experimentó con un trozo de cable por el que dejó pasar la corriente. En el proceso, se dió cuenta de que una brújula situada cerca se desviaba cada vez que se aplicaba el voltaje. La aguja magnética ya no apuntaba al norte, sino que era desviada por el cable por el que circulaba la corriente. Este hallazgo no tardó en llegar y otros físicos, como André-Marie Ampere, que da nombre a la unidad de corriente actual, pudieron confirmar el experimento.

Esto demostró que una corriente eléctrica genera un campo magnético.

 Un conductor de corriente genera un campo magnético.

Pero, ¿cómo discurren las líneas del campo magnético?

Después de algunas investigaciones, se descubrió que el campo B resultante se configura de forma concéntrica alrededor del conductor por el que circula la corriente.

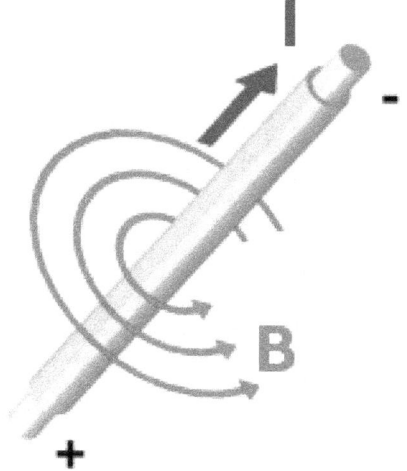

Figura 1.9 Campo magnético de un conductor de corriente

La dirección del campo B se puede determinar con la regla de la mano derecha. Cierras el puño de la mano derecha y apuntas con el pulgar hacia arriba. Indicando el sentido de circulación de la corriente (en el sentido técnico de la corriente, es decir, del polo positivo al negativo). Los cuatro dedos indican el sentido de circulación del campo B.

5.4 Ley de inducción

En física, la mayoría de los efectos son válidos en ambas direcciones. Un campo magnético es generado por un flujo de corriente en el conductor.

A la inversa, un campo magnético aplicado externamente genera un flujo de corriente en un conductor. Esta inversión se describe como la ley de la inducción. El proceso de inducción electromagnética significa que un campo magnético externo y cambiante genera una corriente o una tensión en un conductor.

Derivación de la inducción

Para ello, aprendamos sobre una nueva cantidad: Ya conocemos el campo magnético y la densidad de flujo magnético. Como tercera cantidad significativa, trataremos el flujo magnético Φ (Letra griega Phi en mayúsculas).

El flujo magnético puede compararse con una cascada. Cogemos una superficie y la mantenemos en la cascada. Observamos la cantidad de agua que fluye a través de la superficie.

La cantidad que fluye a través de la superficie corresponde al flujo magnético. Obtenemos el flujo magnético multiplicando la densidad de flujo por el área atravesada.

$$\Phi = \vec{B} \cdot \vec{A}$$

 Esta relación sólo se aplica a campos magnéticos homogéneos, pero en el contexto de este libro nos limitaremos a este "caso especial".

La unidad de flujo magnético viene dada por Tesla por metro cuadrado Tm^2 o Weber, Wb (1 **Wb** = 1 **Tm^2**).

 Tenemos un campo magnético homogéneo con una densidad de flujo de

$B = 200\ mT$. Consideramos una superficie cuadrada con una longitud de borde de 10 cm. ¿Qué tan grande es el flujo magnético?

Solución: $0{,}2\ T \cdot 0{,}1\ m \cdot 0{,}1\ m = 2\ mWb$

5.5 Flujo magnético e inducción

La ley de la inducción establece que la tensión inducida en un conductor depende de la variación del flujo magnético en el tiempo. El cambio temporal se describe mediante el diferencial

$$U_{ind} = -\frac{d(B \cdot A)}{dt}$$

En términos prácticos, esto significa que se induce una tensión en un conductor cuando:

1. el flujo magnético B cambia con el tiempo. Esto puede suceder, por ejemplo, cuando se suministra más energía a un electroimán y el campo se hace más grande como resultado,

2. si el área A, por la que pasa el campo magnético, cambia. Esto puede ocurrir, por ejemplo, cuando la superficie se saca del campo B o se sumerge.

El segundo efecto se utiliza, por ejemplo, en la dinamo conocida por las bicicletas: Un imán permanente gira frente a un conductor. Esto hace que el conductor entre y salga del campo B con cada rotación. Según la ley de inducción, se induce una tensión que hace funcionar las luces delanteras y traseras.

Con la ayuda de este sistema, una tensión se puede inducir, también, por un un movimiento . La ley de la inducción es la base de los sistemas electromecánicos, como los motores y generadores eléctricos.

5.6 La regla de Lenz

La naturaleza es "perezosa" y no le gusta cambiar. Busca el equilibrio y la homogeneidad. Esto se puede observar en muchos efectos naturales.

En ingeniería eléctrica también existe un efecto que se describe como la regla de Lenz. Ésta afirma que la tensión inducida contrarresta su causa (el cambio en el campo B o el área).

Lo explicamos con un ejemplo.

Un conductor está completamente en un campo B.

Como el campo B no cambia y el conductor se encuentra completamente en el campo B, no se induce ninguna tensión. Supongamos ahora que el campo magnético externo disminuye debido a influencias externas.

- El cambio en el campo magnético ya no es cero.
- Se induce una tensión en el conductor.
- Una corriente fluye a través de la tensión inducida.
- Esto genera un campo magnético que se superpone al campo magnético externo.
- Sin embargo, el campo magnético generado está polarizado de tal manera que contrarresta la causa, es decir, la disminución del campo B externo. En consecuencia, tiene un efecto de "aumento en lugar de disminución".
- El campo magnético generado "apoya" al campo magnético externo para que disminuya más lentamente.
- Como consecuencia de la regla de Lenz, no son posibles los cambios bruscos del flujo magnético.

 El aumento o la disminución del flujo magnético inducen una tensión que contrarresta la causa.

5.7 La fuerza de Lorentz

En el campo eléctrico, una carga de prueba Q experimenta una fuerza que atrae la carga de prueba hacia un polo y la repele del otro.

Al igual que el campo eléctrico, las cargas de prueba que se colocan en el campo magnético experimentan una fuerza. Una carga de prueba no es una partícula de carga, sino un imán. Y como hemos aprendido, un conductor portador de corriente es también un imán porque genera un campo magnético.

 Una fuerza, la fuerza de Lorentz, actúa sobre un conductor portador de corriente en el campo magnético.

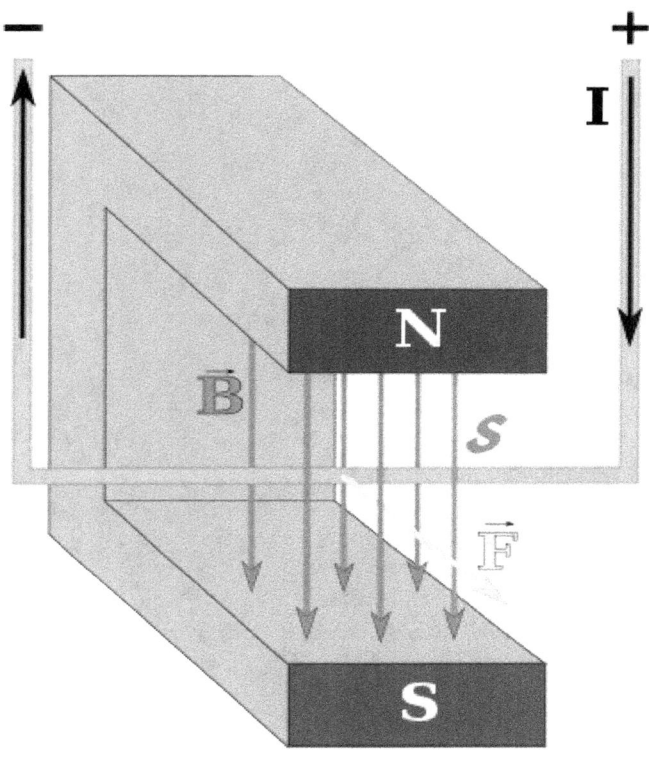

Figura 20 Fuerza de Lorentz en el imán de herradura

Como ejemplo, utilizaremos un imán de herradura. La ventaja de este imán es que el campo entre las patas de la herradura puede considerarse aproximadamente homogéneo.

El campo B fluye del polo norte al polo sur. Si colocamos un trozo de cable portador de corriente en el campo magnético homogéneo, éste experimenta una fuerza. La magnitud de la fuerza depende de la intensidad del campo B, la intensidad de corriente I y la longitud del trozo de cable.

$$F_L = I \cdot B \cdot s$$

 ¿Qué fuerza experimenta un conductor de 10 cm de longitud, por el que circulan 10 A y que se encuentra en un campo B con una densidad de flujo de 200 mT?

Solución: $F_L = 10 \text{ A} \cdot 0{,}2 \text{ T} \cdot 0{,}1 \text{ m} = 0{,}2 \text{ N}$

El campo magnético

Cuál es la longitud s de un cable sobre el que actúan 7 mili-newtons de fuerza cuando está en un campo B de fuerza $100 \, mT$ y una corriente de 200 mA fluye a través de él?

Solución:

$$F_L = I \cdot B \cdot s$$

$$s = \frac{F_L}{I \cdot B} = \frac{7 \text{ mN}}{0{,}2 \text{ A} \cdot 0{,}1 \text{T}} = 35 \text{ cm}$$

5.8 La regla de los tres dedos

La dirección de la fuerza se puede determinar con la regla de los tres dedos o de la mano derecha. El pulgar, el índice y el dedo medio se estiran para formar un sistema de coordenadas de la mano derecha (sistema de la mano derecha). El pulgar es la dirección de la corriente técnica, el índice es la dirección del campo magnético y el dedo medio indica la dirección de la fuerza resultante.

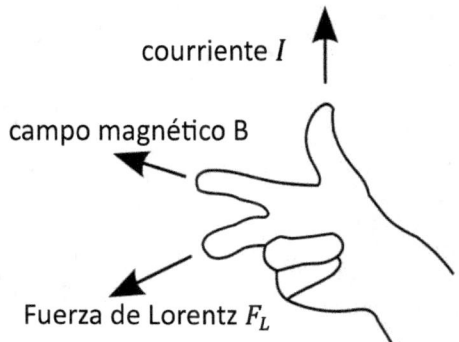

Figura 21 Regla de los tres dedos

5.9 Resumen: Campo E y campo B

Por último, la siguiente tabla ilustra todas las analogías del campo eléctrico y magnético. En sentido estricto, la fuerza de Lorentz no es un efecto de fuerza puramente magnético, ya que es necesario un conductor que lleve corriente.

Tipo	Campo E	Campo B
Intensidad de campo	$\vec{E}$	$\vec{B}$
Líneas de campo		
Constante de campo	$\varepsilon_0 = 8{,}854 \cdot 10^{-12} \dfrac{As}{Vm}$	$\mu_0 = 1{,}257 \cdot 10^{-6} \dfrac{Vs}{Am}$
Causa	Cuerpos cargados	Imanes permanentes o conductores de corriente
Prueba de ensayo	Carga de prueba	Imán de prueba/conductor de corriente
Líneas de campo	Línea a lo largo de la cual una carga de prueba experimenta una fuerza	Línea a lo largo de la cual se alinean los imanes elementales
Orientación de las línea de campo	Del polo positivo al negativo	Cerrado, en el exterior de norte a sur
Efecto de la fuerza	Fuerza de Coulomb $F_{el} = E \cdot q$	Fuerza de Lorentz $F_L = I \cdot B \cdot s$

Con esto, nos hemos familiarizado con los fundamentos más importantes. En los siguientes capítulos trataremos la representación y los modos de acción de componentes eléctricos concretos.

6 Marcas y símbolos de los circuitos

Ya hemos aprendido que en los sistemas eléctricos debe haber siempre un potencial de referencia, ya que las tensiones sólo indican una diferencia de potencial.

6.1 Tierra y conexión a tierra

El "potencial cero" en un circuito también se llama tierra o GND (Ground). Todo circuito eléctrico tiene un potencial de tierra. El símbolo en un circuito para el potencial de tierra es el siguiente:

Figura 22 Símbolo 02-15-04 según DIN EN 60617-2 para tierra

Ilustración 23 Símbolo 02-15-04 según la norma DIN EN 60617-2 para la tierra, carcasa

El potencial de la tierra suele definirse como el potencial de tierra.. Esto puede hacerse, por ejemplo, anclando una barra en el suelo, de forma similar a como se anclan los pararrayos. Puede sonar extraño al principio incluir a la tierra como un "elemento eléctrico" en un circuito, pero en la práctica es bastante común. Especialmente para las medidas de protección, se necesita un conductor fiable (de bajada). La toma de tierra puede encontrarse, por ejemplo, en los enchufes domésticos normales. Las clavijas metálicas de la parte superior e inferior están conectadas a la tierra del dispositivo operado para que, por ejemplo, la carcasa de un dispositivo conectado no pueda cargarse o resultar peligrosa. El símbolo del circuito para la toma a tierra es muy similar al de la tierra.

6.2 Consumidor

Ya hemos descrito la mayoría de las analogías entre los circuitos de electricidad y de agua: Las tuberías corresponden a los tubos, la diferencia de presión a la tensión y la bomba a una fuente de tensión o corriente.

La última analogía que falta es la del consumidor. En el ciclo del agua, es la turbina o la rueda hidráulica que extrae la energía del agua. En el circuito eléctrico, análogamente, debe ser algo que ofrezca resistencia a la corriente. Puede ser cualquier cosa: una lámpara, un teléfono móvil mientras se carga, una nevera o incluso un televisor. El símbolo del consumidor en el circuito se representa como un círculo con una cruz interior.

El símbolo en un circuito de un consumidor, por ejemplo, una bombilla:

Figura 24 Símbolo del consumidor

A los consumidores se les denomina, tambien, cargas o receptors.

6.3 El circuito completo

Hemos aprendido todos los componentes esenciales para el tipo de circuito más sencillo. Compararemos el circuito eléctrico y el ciclo de agua.

Ciclo de agua	Representación	Circuito eléctrico	Símbolo
Bomba	Bomba	fuente de tensión/ Fuente de corriente	
Tubos	▬▬▬	Cables	▬▬▬
Turbina de noria		Lámpara, refrigerador, etc.	
Más analogías			
Partículas de agua	H2O	Electrones	e-

Flujo de agua	agua en movimiento	Flujo de corriente	I
Presión del agua	p	Potencial	φ
Diferencia de presión (entre las cuencas)	Δp	Tensión	U
Cuenca inferior	"Nivel cero"	GND/tierra	⏚

Por supuesto, hay muchos otros componentes en un circuito eléctrico, algunos de los cuales conoceremos más adelante. Para algunos hay analogías con el ciclo del agua, para otros no. En el próximo capítulo veremos algunos de estos componentes. Antes, sin embargo, conoceremos las convenciones para dibujar las flechas de tensión y corriente, así como dos leyes fundamentales en ingeniería eléctrica.

6.4 ¿Qué pasa sin los consumidores?

Si no hay ningún consumidor en el ciclo de agua que frene el agua, ésta se acelera teóricamente cada vez más. La bomba da el máximo hasta que la cuenca inferior se vacía o el agua haya absorbido tanta energía que las tuberías ya no pueden soportar la presión y el circuito se rompe, por ejemplo, por la rotura de una tubería. Lo mismo ocurre con el circuito eléctrico. Sin un consumidor, no hay nada que detenga la corriente. Se hace cada vez más fuerte hasta que los cables se calientan tanto que se queman. Todo el mundo conoce mejor este fenómeno como un **cortocircuito**.

Un cortocircuito se produce cuando los terminales positivo y negativo están conectados sin un consumidor. Por lo tanto, un circuito conductor simple es un cortocircuito porque no hay ningún consumidor en el circuito.

6.5 Sistemas de flechas de recorrido

Ya hemos aprendido sobre las fuentes de tensión, las fuentes de corriente, los cables y los consumidores, pero ¿cómo podemos calcular con estos símbolos? En sistemas más complejos, es importante utilizar un sistema unificado. Recordemos la quema de una sonda en la atmósfera de Marte porque se utilizaron dos sistemas de unidades diferentes.

 Para poder calcular, se introduce un sistema de flechas uniforme para tensiones y corrientes.

6.6 Flechas de tensión

Las flechas de tensión tienen un punto de partida y un punto final. La flecha de la tensión va de más a menos debido al sentido técnico de la corriente. La flecha se dibuja en línea recta sobre el componente o se redondea. Ambos están permitidos. Sin embargo, hay que mantener la coherencia y no cambiar de notación.

 Si los puntos inicial y final se intercambian, el valor de la tensión cambia de signo.

6.7 Flechas de corriente

Una corriente se representa con una flecha en el cable. También, en este caso, la corriente va de más a menos. Si la flecha apunta en la dirección opuesta, el valor de la corriente cambia de signo.

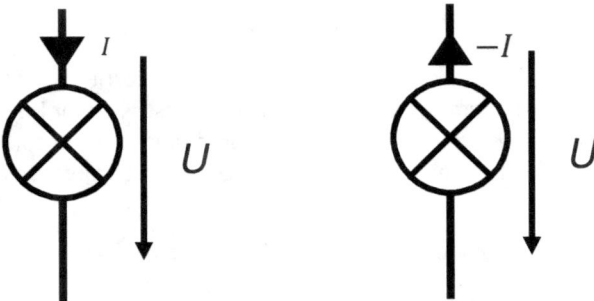

Si aún no se sabe en qué dirección fluye la corriente, por ejemplo, porque los polos positivo y negativo aún no están presentes, se asume una dirección y se calcula con ella. Si los cálculos dan como resultado una corriente negativa, sabrás que la corriente fluye realmente en la otra dirección.

6.8 Sistema de flechas para generadores y consumidores

En ingeniería eléctrica, se distinguen dos sistemas: el sistema de flechas del generador y el sistema de flechas del consumidor. Se trata simplemente de interpretar las flechas de tensión y corriente. En el sistema de flechas del consumidor, la energía se "consume" cuando la corriente y la tensión apuntan en la misma dirección.

El componente absorbe entonces la energía eléctrica y la convierte en otras formas de energía.

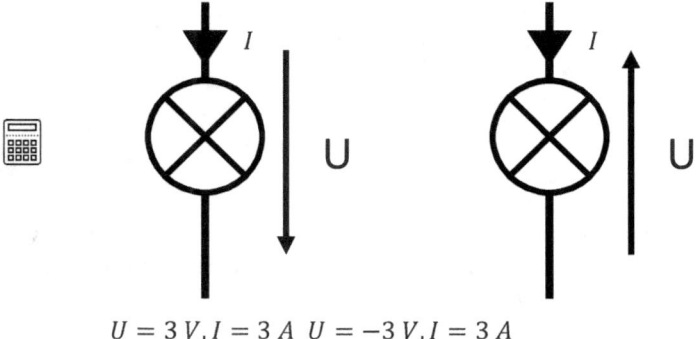

$$U = 3\,V, I = 3\,A \quad U = -3\,V, I = 3\,A$$

Si las flechas de tensión y corriente apuntan en direcciones opuestas, se genera la energía correspondiente, por ejemplo, de una fuente de corriente o de tensión.

En el sistema de flechas de los generadoras es al revés. En este sistema, la energía se "consume" cuando la corriente y la tensión apuntan en direcciones opuestas. Si apuntan en las mismas direcciones, se genera la energía correspondiente.

 En ingeniería eléctrica, el sistema de flechas de los consumidores se utiliza casi sin excepción. El sistema de flechas del generador sólo se utiliza para las observaciones de la fuente para ver si una fuente está absorbiendo o emitiendo energía.

Por ello, el enfoque principal de este libro es el sistema de flechas de los consumidores, que se utiliza de forma exclusiva para los ejemplos de todo tipo en el curso posterior.

6.9 Leyes de Kirchhoff

A continuación, llegamos a dos reglas fundamentales que se utilizan una y otra vez en el contexto del análisis de circuitos: las leyes de Kirchhoff.

El físico Gustav Robert Kirchhoff estableció dos leyes fundamentales que facilitan la determinación de tensiones y corrientes desconocidas en un circuito: el Teorema de las mallas y el Teorema de los nodos. o la regla de nodos. Las dos leyes constituyen la base de todo diseño de circuito o de su análisis. Las leyes de Kirchhoff son derivaciones de la física, respectivamente de la ley de conservación de la energía. Ambas normas son bastante lógicas y fáciles de entender.

6.10 El teorema de los nodos

 Donde se juntan varios cables, se forma un nodo eléctrico. En un nodo eléctrico, las corrientes se dividen de forma diferente.

Dicho de manera informal, la primera regla de Kirchhoff establece simplemente que los electrones o las cargas de un nodo eléctrico no pueden desaparecer sin más. Dado que una corriente es una carga en movimiento, esto también se aplica a las corrientes.

 "Donde entra la electricidad, también debe salir".

Formulado físicamente de forma más correcta, el teorema de los nodos afirma:

"En un nodo eléctrico, la suma de las corrientes que entran es igual a la suma de las corrientes que salen".

$$I_{entra} = -I_{sale}$$

O bien: "La suma de todas las corrientes en un nodo es cero".

$$I_{entra} + I_{sale} = 0$$

Para poder calcular con él, todavía hay que determinar la cantidad de corrientes.

 Todas las corrientes que entran en un nodo se cuentan como positivas, todas las corrientes que salen se cuentan como negativas.

 La ilustración muestra un nodo eléctrico en el que confluyen un total de cinco líneas.

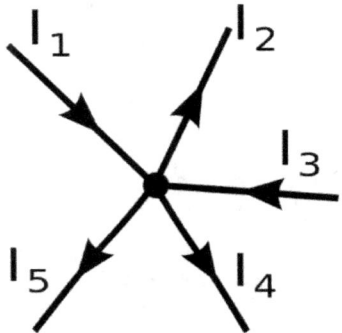

Figura 25 Nodo eléctrico

Según nuestra definición, los flujos I_1 y I_3 son positivos y I_2, I_4 y I_5 son negativas. La suma de las corrientes que entran al nodo es, por tanto, I_1+I_3, la suma de las corrientes que salen del nodo es $I_2+I_4+I_5$. La regla del nodo dice:

$I_1 + I_3 - I_2 - I_4 - I_5 = 0$ o convertido: $I_1 + I_3 = I_2 + I_4 + I_5$

6.11 El teorema de las mallas

De forma similar al teorema de los nodos para las corrientes, el teorema de las mallas para las tensiones establece que la suma de todas las tensiones de un circuito debe ser cero.

El trasfondo aquí es que la energía eléctrica debe conservarse. Ya hemos aprendido que la potencia y, por tanto, también la energía, depende de la tensión. Por lo tanto, la tensión también debe conservarse.

 Una malla es un circuito cerrado sobre varias tensiones dentro de un circuito.

Esta malla puede ser elegida por nosotros de forma arbitraria. Sólo es importante que el punto inicial sea el mismo que el punto final de la malla, es decir, que se cree un bucle cerrado.

El Teorema de las mallas dice:

"La suma de todas las tensiones a lo largo de una malla es cero".

De nuevo, necesitamos una definición de qué tensión se cuenta como positiva y cuál como negativa. No importa si la malla se recorre en el sentido de las agujas del reloj o en sentido contrario.

 Cualquier tensión que vaya en la dirección de la malla se cuenta positivamente y cualquier tensión que vaya en contra de la dirección de la malla se cuenta negativamente.

 Ejemplo de malla sobre dos fuentes de tensión y un consumidor con la tensión U_{con}

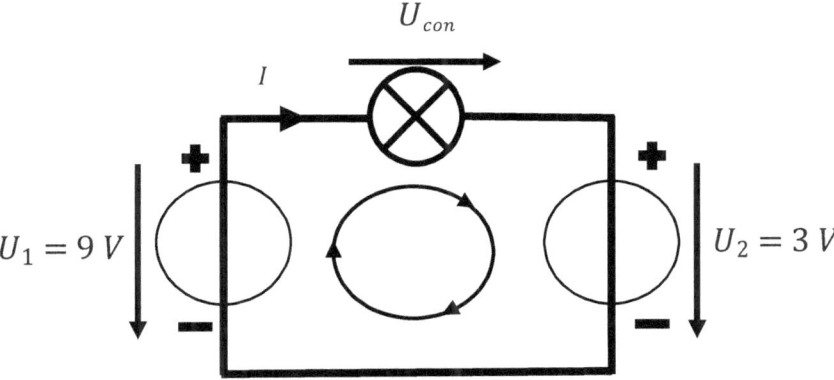

Figura 26 Malla en un circuito

Todas las tensiones en el sentido de la malla deben contarse como positivas, todas las tensiones en contra deben contarse como negativas.

$-U_1 + U_{con} + U_2 = 0$

$U_{con} = U_1 - U_2$

$U_{con} = 6\ V$

Ya hemos conocido algunos componentes del circuito eléctrico. Con la ayuda de las reglas de Kirchoff, podemos determinar las corrientes y las tensiones. Además, ya conocemos algunos componentes del circuito eléctrico, como las fuentes de corriente y de tensión.

Por supuesto, hay muchos más componentes que ahora repasaremos uno por uno. Empezaremos con un consumidor clásico, la resistencia.

7   La resistencia eléctrica

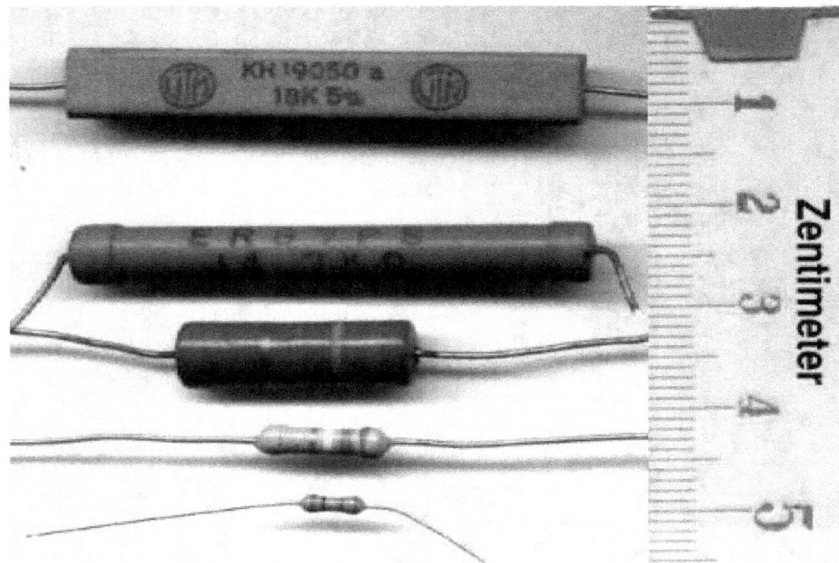

Figura 27 Diferentes diseños de resistencias

La resistencia eléctrica es, como su nombre indica, una resistencia para los electrones. Se dificulta el flujo de electrones a través de la resistencia. Esto puede ocurrir, por ejemplo, con un metal que no ceda sus electrones de valencia "tan fácilmente". Los electrones se frotan entre sí y generan calor.

El símbolo del circuito se dibuja como un rectángulo.

Figura 28 Símbolo de circuito americano Ilustración 29 Símbolo de circuito europeo

 Una resistencia en el circuito es un obstáculo para la corriente, similar a las piedras o pilares en el ciclo de agua. Éstas impiden el paso del agua, ofreciéndole así resistencia.

La resistencia eléctrica tiene el símbolo de fórmula R y se da en Ω (Ohm). Su nombre se debe al físico alemán Georg Simon Ohm. El valor de la resistencia es una medida de la dificultad que tiene la corriente para fluir a través de la resistencia. En otras palabras:

La resistencia eléctrica indica la tensión eléctrica U necesaria para permitir el paso de una corriente I por un conductor eléctrico.

$$R = \frac{U}{I}$$

Por lo tanto, la unidad Ohm es

$$1\,\Omega = 1\,\frac{V}{A}$$

Podemos reordenar las fórmulas en consecuencia como

$$U = R \cdot I$$

Por lo tanto, una mnemotecnia que indica la relación entre la tensión, la resistencia y la corriente en un circuito es "URI".

Excurso: La resistencia de un cable de cobre:

Nuestros cables eléctricos domésticos son de cobre. Los cables deben conducir la corriente y tener la menor resistencia posible, pero la resistencia deseada de 0 Ω es sólo una utopía. La resistencia aumenta cuanto más largo es el cable y disminuye cuanto más grueso es el cable y, por tanto, cuanto mayor es la sección transversal A del cable.

No te confundas, aquí A es el símbolo de la fórmula para el área, no la unidad amperio.

Por supuesto, la resistencia también depende del material. Esto se tiene en cuenta en la resistencia específica ρ (el pequeño rho griego) de un material.

La resistencia de un conductor viene dada por $R = \rho \cdot \frac{l}{A}$

El cobre, por ejemplo, tiene una resistividad de

$$\rho = 1{,}69 \cdot 10^{-2}\,\frac{\Omega \text{mm}^2}{\text{m}} \text{ a } 1{,}75 \cdot 10^{-2}\,\frac{\Omega \text{mm}^2}{\text{m}}$$

10 m de cable de cobre con una sección transversal de $A = 0{,}1\,mm^2$ tienen una resistencia de

$$R = 1{,}75 \cdot 10^{-2}\,\frac{\Omega \text{mm}^2}{\text{m}} \cdot \frac{10\,\text{m}}{0{,}1\,\text{mm}^2} = 1{,}75\,\Omega$$

En este caso, el cálculo se realiza con milímetros cuadrados, ya que la resistencia específica se suele dar en la forma $\frac{\Omega mm^2}{m}$.

De lo contrario, habría que convertir primero la sección transversal en metros cuadrados. Eso también sería correcto, pero más complicado.

Excurso: Conductancia G

En lugar de la resistencia R, también se puede utilizar la conductancia G. La conductancia también es una medida de lo bien que una sustancia "deja pasar" los electrones. La conductancia tiene la unidad Siemens, S, y fue nombrada en honor a Werner von Siemens. La relación entre conductancia y resistencia es relativamente banal: La resistencia y la conductancia son recíprocas entre sí.

$$G = \frac{1}{R}; R = \frac{1}{G}$$

$$1\,S = 1\frac{1}{\Omega}; 1\,\Omega = 1\frac{1}{S}$$

La conductancia apenas tiene importancia técnica.

En ingeniería eléctrica, sólo se habla y se calcula con valores de resistencia.

 ¿Cuánto voltaje debe aplicarse a una resistencia con 150 Ω para que 3A fluyan a través de él?

Solución: $U = R \cdot I = 150\,\Omega \cdot 3\,A = 450\,V$

 Una batería de 9 V se conecta a una resistencia con R = 3 Ω. ¿Cuánta corriente fluye?

Solución: Convertimos $U = R \cdot I$ a $I = \frac{U}{R} = \frac{9\,V}{3\,\Omega} = 3\,A$

 2 kA fluyen a través de una resistencia mientras se aplican 3 MV. ¿Cuál es el valor de la resistencia?

Solución: Convertimos $U = R \cdot I$ a

$R = \frac{U}{I} = \frac{3\,MV}{2\,kA} = \frac{3 \cdot 10^6\,V}{2 \cdot 10^3\,A} = \frac{3}{2} \cdot 10^6\,V \cdot 10^{-3}\,A = 1{,}5\,k\Omega$

7.1 Conexión en serie de resistencias

En ingeniería eléctrica, los circuitos pueden volverse bastante complejos rápidamente. Rara vez se instala una sola resistencia, como hemos aprendido en el ejemplo. Cuando dos o más resistencias están conectadas en serie, hablamos de un circuito en serie.

La corriente debe "pasar" por todas las resistencias una tras otra. La resistencia total resultante es correspondientemente mayor.

Las resistencias individuales pueden sumarse para formar una resistencia. Esta tiene un valor de resistencia igual a la suma de los valores de resistencia individuales.

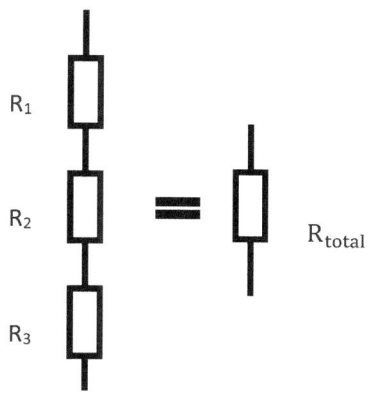

Figura 30 Conexión en serie de resistencias

$$R_{total} = R_1 + R_2 + R_3 + \cdots$$

7.2 Divisor de tensión

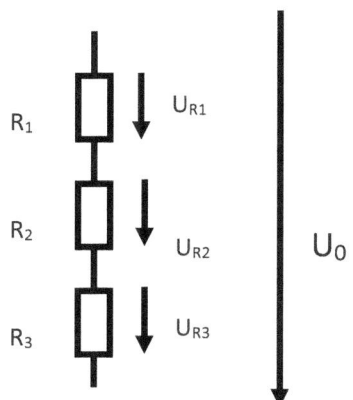

Figura 31 Divisor de tensión con conexión en serie de resistencias

Tenemos varias resistencias conectadas en serie y conocemos la tensión que cae a través de todas las resistencias juntas. Pero, ¿cuál es la tensión que cae a través de cada una de las resistencias?

Las resistencias dividen la tensión entre ellas en proporción a sus valores de resistencia, por lo que forman un divisor de tensión.

$$\frac{\text{tensión en la resistencia}}{\text{tensión total}} = \frac{\text{valor de la resistencia}}{\text{resistencia total}}$$

$$U_{R1} = U_0 \cdot \frac{R_1}{R_1 + R_2 + R_3 + \cdots}$$

$$U_{R2} = U_0 \cdot \frac{R_2}{R_1 + R_2 + R_3 + \cdots}$$

...

$$U_0 = 10\,\text{V}, R_1 = 6\,\Omega, R_2 = 4\,\Omega$$

$$U_{R1} = 10\,\text{V} \cdot \frac{6\,\Omega}{6\,\Omega + 4\,\Omega} = 6\,\text{V}$$

$$U_{R2} = 10\,\text{V} \cdot \frac{4\,\Omega}{6\,\Omega + 4\,\Omega} = 4\,\text{V}$$

7.3 Conexión en paralelo de resistencias

Si dos resistencias tienen el mismo punto inicial y final, están conectadas en paralelo. Es más fácil que la corriente fluya a través de todas las resistencias que a través de las individuales. El valor de la resistencia resultante es correspondientemente menor.

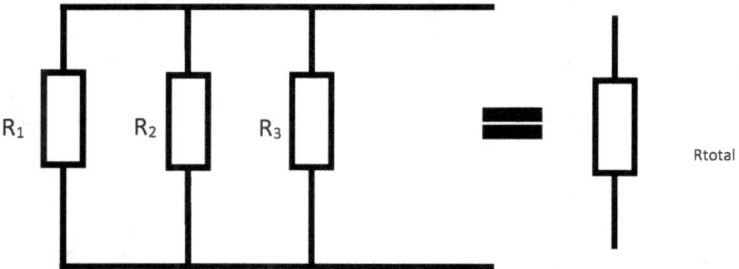

Figura 32 Conexión en paralelo de resistencias

La resistencia total se calcula a partir de la conexión en paralelo de las resistencias individuales. El símbolo del paralelismo ∥ se utiliza.

$$R_1 \parallel R_2 \parallel R_3 \parallel \cdots = R_{total}$$

Con la conexión en paralelo, los valores de resistencia no se suman, pero los valores de conductancia de las resistencias sí. $G_{total} = G_1 + G_2 + G_3 + \cdots$

Sin embargo, como sólo calculamos en resistencias y no en conductancias, el resultado es:

$$\frac{1}{R_{total}} = \frac{1}{R_1} + \frac{1}{R_2} + \frac{1}{R_3} + \cdots$$

7.4 Forma especial para dos resistencias

Si sólo se conectan dos resistencias en paralelo, la fórmula se simplifica a:

$$\frac{1}{R_{total}} = \frac{1}{R_1} + \frac{1}{R_2}$$

Si multiplicamos la fracción por R1 y R2 obtenemos:

$$R_{total} = \frac{1}{\frac{1}{R_1} + \frac{1}{R_2}} \implies R_1 \parallel R_2 = R_{total} = \frac{R_1 R_2}{R_1 + R_2}$$

R1 = 10 Ω, R2 = 30 Ω

$$R_{ges} = \frac{10\,\Omega \cdot 30\,\Omega}{10\,\Omega + 30\,\Omega} = \frac{300\,\Omega^2}{40\,\Omega} = 7{,}5\,\Omega$$

7.5 Divisor de corriente

De forma análoga a la regla del divisor de tensión, nos enfrentamos a la cuestión de qué corriente pasa por las resistencias conectadas en paralelo. Las resistencias dividen la corriente entre ellas, por lo que forman un divisor de corriente.

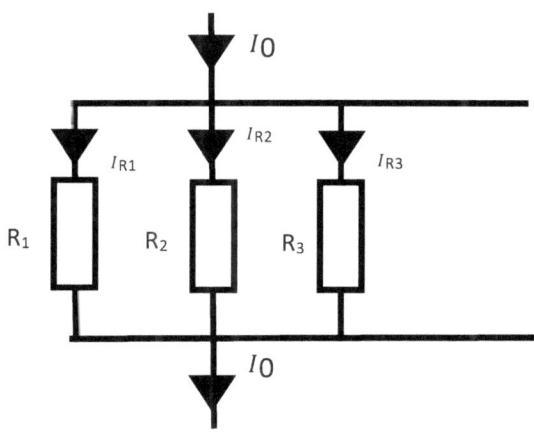

Figura 33 Divisor de corriente con resistencias conectadas en paralelo

La tensión aplicada a las resistencias es la misma. Debido a "URI", esto significa en sentido inverso que las corrientes a través de las resistencias dependen sólo de los valores de resistencias $R_1, R_2, \ldots$. Las resistencias dividen la corriente de forma inversamente proporcional a sus valores de resistencia o proporcionalmente a sus valores de conductancia. Recordamos que $G = \frac{1}{R}$.

$$\frac{corriente\ a\ través\ de\ la\ resistencia}{corriente\ total} = \frac{conductancia}{conductancia\ total}$$

 Si una resistencia es el doble de grande que la otra, sólo fluye por ella la mitad de corriente que por la otra.

$$I_{R1} = I_0 \cdot \frac{G_1}{G_1 + G_2 + G_3 + \cdots}$$

$$I_{R2} = I_0 \cdot \frac{G_2}{G_1 + G_2 + G_3 + \cdots}$$

$I_0 = 10\ A, R_1 = 6\ \Omega, G_1 = \frac{1}{6\,\Omega}, R_2 = 4\ \Omega, G_2 = \frac{1}{4\,\Omega}$

$$I_{R1} = 10\ A \cdot \frac{\frac{1}{6\,\Omega}}{\frac{1}{6\,\Omega} + \frac{1}{4\,\Omega}} = 4\ A$$

$$I_{R2} = 10\ A \cdot \frac{\frac{1}{4\,\Omega}}{\frac{1}{6\,\Omega} + \frac{1}{4\,\Omega}} = 6\ A$$

7.6 Energía eléctrica

Ya hemos aprendido sobre la potencia. Esta se denota por P. En ingeniería eléctrica, la potencia eléctrica es el producto de la corriente por la tensión que se aplica a una resistencia, por ejemplo.

$P = U \cdot I$

Si en lugar de la tensión se da la resistencia, la potencia resulta:

$U = R \cdot I$

$P = R \cdot I^2$

Si se da la resistencia en lugar de la corriente, la potencia resulta $P = \frac{U^2}{R}$

$$P = U \cdot I$$

$$P = R \cdot I^2 \; ; \; P = \frac{U^2}{R}$$

 Una batería de 9 V puede suministrar una corriente máxima de 0,5 A. ¿Cuál es la potencia máxima que puede suministrar?

Solución: $P = U \cdot I = 9 \, V \cdot 0,5 \, A = 4,5 \, VA = 4,5 \, W$

 Se aplican 10V a una resistencia de 1kΩ. ¿Cuánta potencia se convierte en la resistencia?

Solución: $P = \frac{U^2}{R} = \frac{(10 \, V)^2}{1 \, k\Omega} = \frac{100 \, V^2}{1000 \, \Omega} = 0,1 \, W$

7.7 Ejemplo aplicado: Resistencias en una fuente de alimentación

La siguiente ilustración muestra una fuente de alimentación con la carcasa superior retirada. En este ejemplo podemos ver diferentes componentes dentro de un sistema cerrado.

 Precaución: La fuente de alimentación u otros componentes eléctricos no deben ser abiertos por un inexperto. Dependiendo de su capacidad, los componentes como los condensadores pueden almacenar la carga durante mucho tiempo y, por tanto, ser correspondientemente peligrosos.

Reconocemos muchas resistencias en la placa del circuito. Están marcados en la placa del circuito impreso con una "R" y cada uno tiene su propio número.

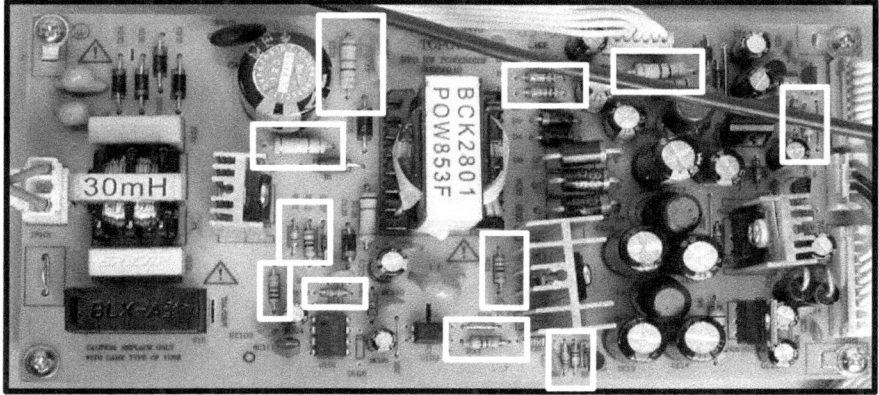

Figura 34 Estructura de la placa del circuito interno de una fuente de alimentación

La resistencia eléctrica

8 Semiconductor: unión PN , diodo, transistor

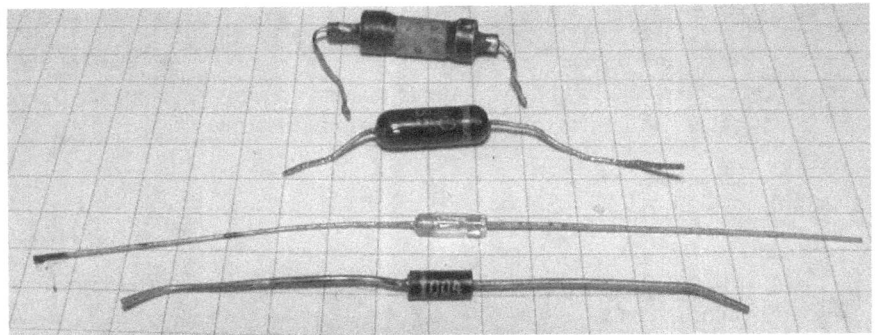

Figura 35 Diferentes diseños de diodos

 Un diodo es un componente que permite que la corriente fluya en una sola dirección. Por eso también se le llama componente semiconductor. En el modelo de agua, es una especie de "gatera" que permite el paso del agua en una sola dirección.

Figura 36 Símbolo del interruptor Diodo

El diodo consta de un ánodo, que se conecta al polo positivo o potencial más alto, y un cátodo, que se conecta al polo negativo o potencial más bajo.

! Una línea vertical en el componente muestra qué cable corresponde al cátodo.

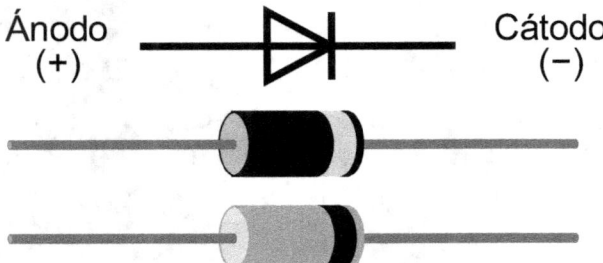

Figura 37 Ánodo y cátodo de un diodo

8.1 Estructura de un diodo

Durante la producción de diodos, un material de base (normalmente silicio) está dopado con átomos positivos y negativos ("implantados"). En el proceso, un átomo de impureza, como el boro o el fósforo, se inserta en la red de silicio.

El silicio tiene cuatro electrones de valencia y está cargado neutralmente. Si se sustituye un átomo de silicio, por ejemplo, por un átomo de boro, con sólo tres electrones de valencia, "falta" un electrón. Análogamente, sustituyendo el silicio por un átomo de fósforo, que a su vez tiene cinco electrones de valencia, se crea el exceso de un electrón en el material.

Al insertar portadores de carga adicionales, el material ya no es neutro, sino que está cargado positivamente por un lado y negativamente por el otro.

Si hay más electrones que protones en total, el material está cargado negativamente. El material es tipo n. Si hay menos electrones que protones, el material está cargado positivamente, o está dopado tipo p. En el caso de un exceso de protones, también se habla de huecos o deficiencias de electrones, porque donde falta un electrón se crea un "hueco", por así decirlo.

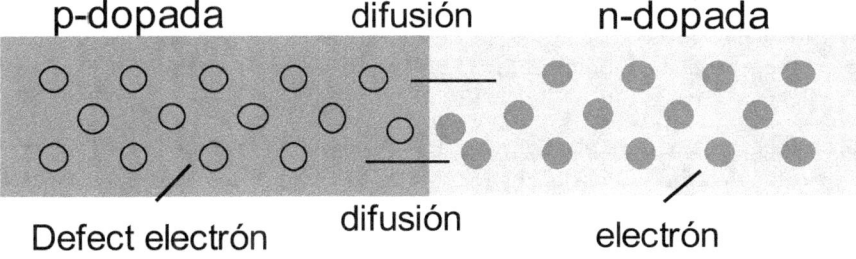

Figura 38 Estructura de una unión PN

Los diferentes portadores de carga forman una transición de una región de carga positiva a una negativa. Esto se llama transición PN. Exactamente en la capa límite los portadores de carga se difunden ("migran") en esta transición. Los agujeros compensan el exceso de electrones y viceversa. El término técnico para esto es que los portadores de carga se recombinan. Sólo hay átomos neutros en los alrededores de la capa límite.

Mediante la recombinación de electrones y huecos crea una zona libre de carga, la zona de empobrecimiento, que sigue disminuyendo hacia el exterior.

 Los electrones han migrado de la región tipo n a la región tipo p y los huecos a la inversa. Esto crea un campo eléctrico que impide que otros portadores de carga migren a través de la zona de empobrecimiento sin carga.

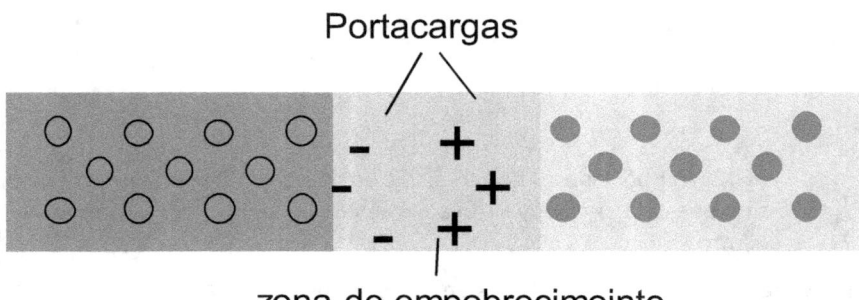

Figura 39 Zona de empobrecimiento de una unión PN

No puede fluir la corriente. Si se aplica una tensión positiva a la cara tipo n y una tensión negativa a la cara tipo p, los electrones son aspirados aún más y la zona de empobrecimiento aumenta. Por lo tanto no puede fluir corriente alguna. Esto se ve mejor al revés:

Si se aplica una tensión positiva a la cara tipo p y una tensión negativa a la cara tipo n, los electrones y los huecos adicionales son empujados a las zonas de carga e "inundan" la zona de empobrecimiento. Como resultado, la corriente puede fluir, ahora, sin obstáculos desde el polo positivo de la tensión hacia el polo negativo.

Por esta razón, los diodos se utilizan a menudo para proteger contra la polaridad o sobretensión. Si la tensión es demasiado alta, el diodo comienza a conducir. El diodo se descompone y disipa la corriente. Otra aplicación es limitar la corriente en una dirección, por ejemplo, si se quiere cargar una batería y prevenir que se descargue.

 Como el diodo sólo conduce en una dirección, se dice que funciona en la dirección del flujo o en la dirección inversa.

La dirección en la que conduce el diodo se puede ver en el símbolo en un circuito; la flecha indica la dirección de la corriente en la que conduce el diodo.

Si el diodo conduce, la corriente debe pasar por la unión PN. La unión PN actúa como una fuente de tensión que reduce el potencial.

La cantidad de voltios que hay que aplicar a la unión PN para "inundar" la zona de empobrecimiento depende del tipo de diodo.

En la unión PN de un diodo de silicio estándar, la tensión cae aproximadamente 0,7 V en la dirección del flujo. En un diodo Schottky, por ejemplo, cae sólo 0,2 V. Existen otros tipos de diodos, como el diodo Zener (diodo Z). Estos bloquean en ambas direcciones, pero se rompen a una determinada tensión aplicada (tensión de ruptura).

 Un diodo no tiene casi resistencia en la dirección del flujo y, por lo tanto, no limita el flujo de corriente. Se necesita otra resistencia, de lo contrario existe el peligro de un cortocircuito práctico.

En nuestra fuente de poder podemos encontrar también muchos diodos. Se utilizan, por ejemplo, para convertir la tensión variable de entrada en una tensión constante. Los diodos se designan con D y un número. Visualmente, no se diferencian mucho de una resistencia.

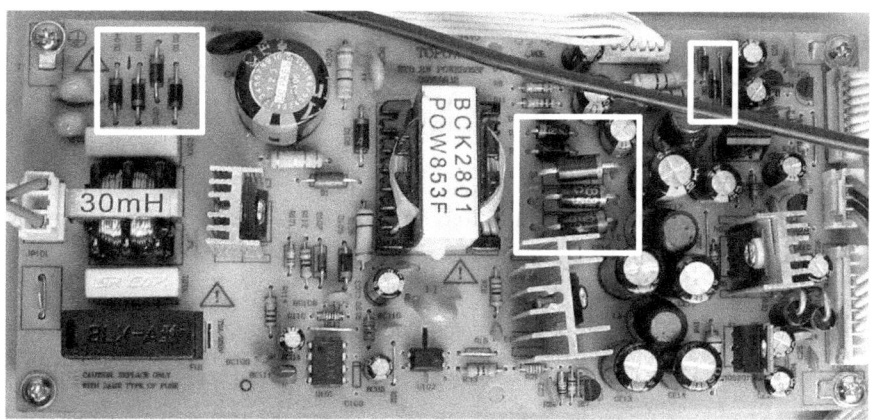

8.2 Excursus: LED

LEDs, "light emitting diodes", en español diodos emisores de luz, se han convertido en una parte indispensable de nuestra vida cotidiana.

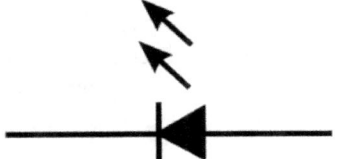

Figura 40 Símbolo en un circuito del LED

El modo de funcionamiento y las propiedades de un diodo emisor de luz son los mismos que los de un diodo semiconductor pn "normal". Un LED tiene una dirección de flujo y una dirección inversa, apenas tiene resistencia en la dirección de flujo y consiste en un material de base que ha sido dopado tipo n o p. La gran diferencia es el material de base utilizado. Mientras que los diodos "normales" están hechos de silicio, los LED suelen utilizar un compuesto de galio como material semiconductor. Además, los LED suelen tener una tensión de avance más alta, de aproximadamente 1,6 V - 3,6 V, en lugar de 0,7 V, como ocurre con un diodo no luminoso.

 Un diodo también tiene casi ninguna resistencia en la dirección del flujo y, por lo tanto, no limita el flujo de la corriente. Necesita una resistencia amplia, de lo contrario existe el peligro de un cortocircuito práctico. Esta se llama resistencia en serie.

Dependiendo del color del LED, la tensión de avance también difiere.

Un LED blanco tiene una tensión directa de aproximadamente 2,8-3,2 V, mientras que un LED rojo o verde suele tener sólo 2,0-2,3 V. Las tensiones dependen del tipo de construcción y del semiconductor utilizado. El fabricante del LED especifica un rango para la tensión de avance admisible.

En consecuencia, la resistencia en serie debe adaptarse al color.

8.3 El transistor

Figura 41 Diferentes diseños de transistores

Los transistores son componentes ampliamente utilizados. Hoy en día, más de 10.000 millones de transistores están integrados en un procesador Intel de un PC comercial. Con la ayuda de los transistores se pueden realizar operaciones de cómputo, las cuales representan el bloque básico de todo sistema digital.

 Un transistor puede considerarse un interruptor eléctrico controlable. Permite el paso de la corriente o la bloquea completamente.

El desarrollo y la integración de los transistores en los chips fabricados industrialmente (por ejemplo, en un procesador de PC) ha sido el avance más importante de las últimas décadas.

Dieron paso a la digitalización y la automatización asociada. Los transistores son, por tanto, un elemento imprescindible en cualquier libro de ingeniería eléctrica.

Hoy en día, los transistores ya no se conectan a mano, sino que se incrustan en un material de base (también llamado sustrato). Como en el caso de los diodos, el sustrato es el silicio. Los transistores más pequeños se encuentran en el rango de unos pocos nanómetros y ¡sólo tienen un tamaño de unos pocos átomos!

 Los transistores se dividen en dos grandes categorías:
Transistores bipolares y transistores de efecto de campo.

El modo de funcionamiento es muy similar, pero los efectos físicos que hay detrás son fundamentalmente diferentes. El transistor bipolar no sólo se utiliza como interruptor, sino también como amplificador de corriente, mientras que el transistor de efecto de campo se utiliza casi siempre como interruptor.

8.4 El transistor bipolar

Un transistor bipolar se obtiene conectando dos diodos de polaridad opuesta. Esto crea tres zonas de carga diferente.

Dependiendo de cómo se conecten los diodos, se crean dos zonas dopadas tipo n y una zona dopada tipo p en el medio (transistor NPN) o dos zonas dopadas tipo p y una zona dopada tipo n en el medio (transistor PNP).

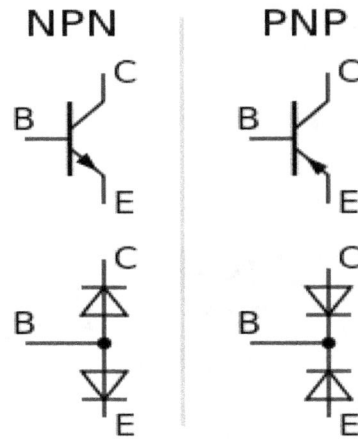

Figura 42 Estructura y símbolo de circuito de un transistor NPN y PNP

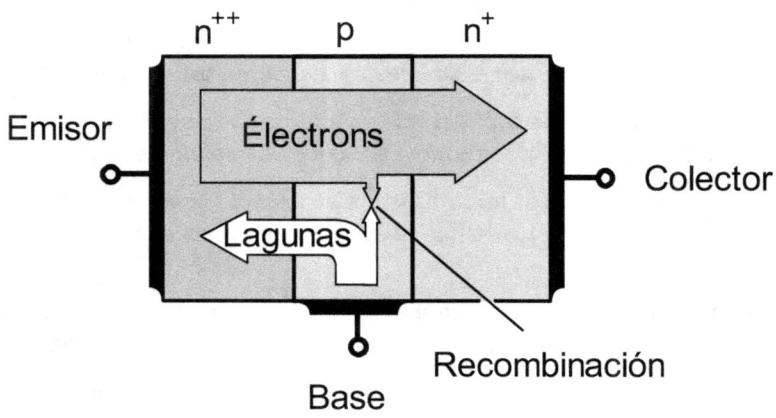

Figura 43 Estructura de un transistor NPN

El colector, C, se encuentra en el lugar por donde pasa la corriente. La tensión de funcionamiento se aplica al colector. La base, B, se encuentra en el centro. La "salida" de un transistor se llama emisor E.

La figura muestra un transistor NPN. El colector y la base están dopados tipo n. n+, o n++, respectivamente, significa que están especialmente dopados tipo n.

 En estado apagado, el transistor no es conductor, ya que está formado por dos diodos bloqueados.

Aplicando una tensión positiva a la base, los electrones son atraídos desde el emisor a la base.

 La región de empobrecimiento se inunda de electrones y puede fluir una corriente del colector al emisor. El transistor conduce.

La unión PN o NP, que en realidad no es conductora, se convierte en conductora para que los electrones del colector puedan fluir a través de las dos uniones PN/NP. Entonces los electrones fluyen a través del emisor hacia el potencial más bajo. El nombre del transistor bipolar proviene del hecho de que en el "transporte de corriente" intervienen tanto portadores de carga positivos como negativos.

En el caso del transistor, también es cierto que la corriente en el estado de encendido de la base al emisor no está limitada, ya que la unión PN no tiene resistencia en la dirección del flujo.

Se necesita una resistencia adicional para limitar la corriente, una resistencia en serie en la base, porque de lo contrario se corre el riesgo de una corriente enormemente alta. Como en el caso del diodo, entre la base y el emisor la tensión cae 0,7 V adicionales en el estado de conducción.

 Un transistor NPN se vuelve conductor cuando se aplica una tensión de al menos 0,7 V entre la base y el emisor.

En realidad, un transistor no se vuelve conductor de repente. A partir de una tensión base-emisor de unos 500 mV, comienza a aspirar lentamente electrones. A una tensión base-emisor de 0,7 V, se conecta completamente. El colector y el emisor están prácticamente al mismo potencial en el estado conductor. La tensión del colector al emisor en el estado conmutado es de unos 0,2 V. Esto se llama tensión de saturación.

El problema de la limitación de la corriente de la base al emisor se evita con el transistor de efecto de campo, que tiene una estructura fundamentalmente diferente, pero propiedades similares.

8.5 El transistor de efecto de campo

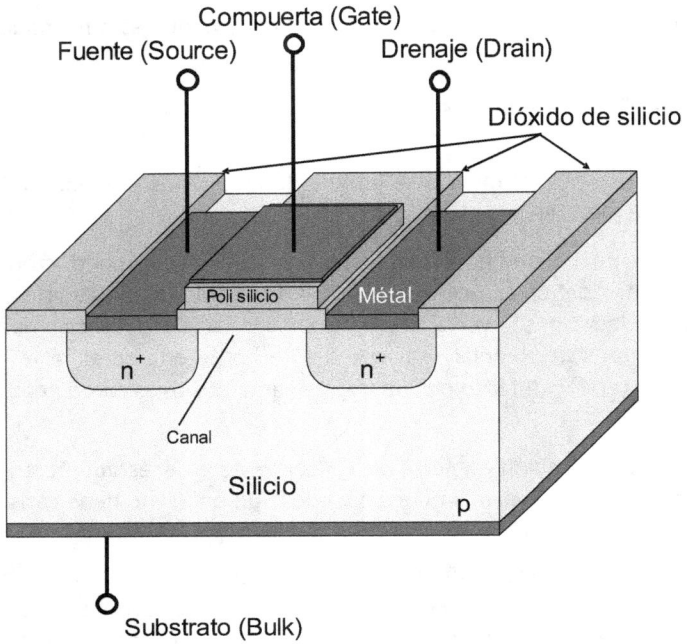

Figura 44 Estructura de un transistor de efecto de campo

El transistor de efecto de campo, FET, para abreviar, funciona de forma fundamentalmente diferente a un transistor bipolar. Como su nombre indica, aquí se utiliza un campo, concretamente el eléctrico, para encender y apagar el transistor.

Los términos de las conexiones en el transistor de efecto de campo también son diferentes. En lugar de colector, el punto de entrada superior se llama Fuente S (Source), la base corresponde a la Compuerta G (Gate), y el emisor se sustituye por el drenaje D Drain). La fuente y el drenaje están dopados tipo n, es decir, tienen un exceso de electrones.

💡 La compuerta está separada por una fina capa aislante de dióxido de silicio. Por lo tanto, no está conectada eléctricamente al resto del transistor.

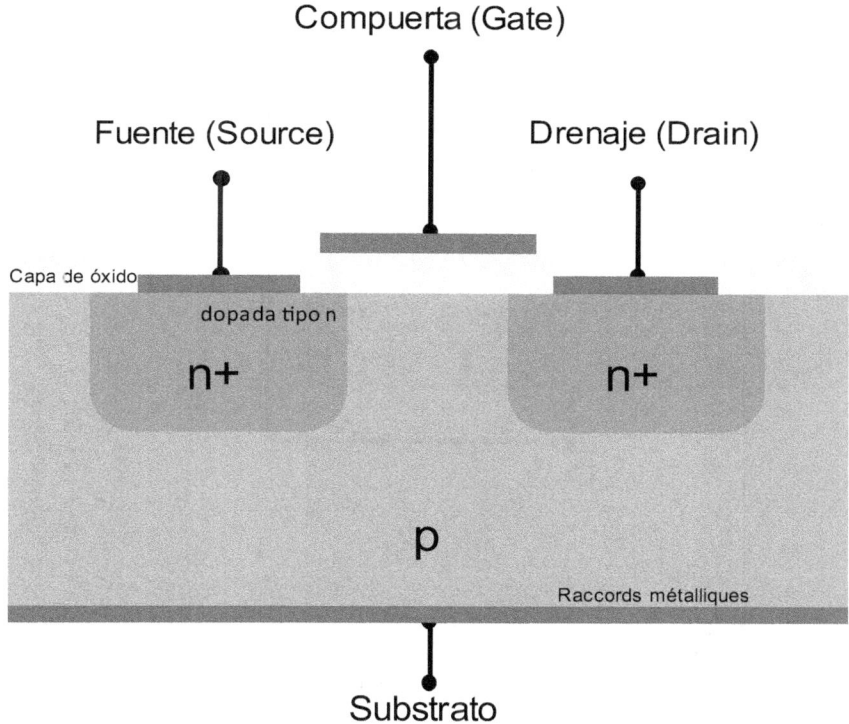

Figura 45 Estructura de un N-FET

Si se aplica una tensión positiva, es decir, un exceso de protones, se crea un campo eléctrico desde la compuerta hasta el sustrato dopado tipo p. Los electrones son "aspirados" y se forma un canal conductor entre el drenaje y la fuente.

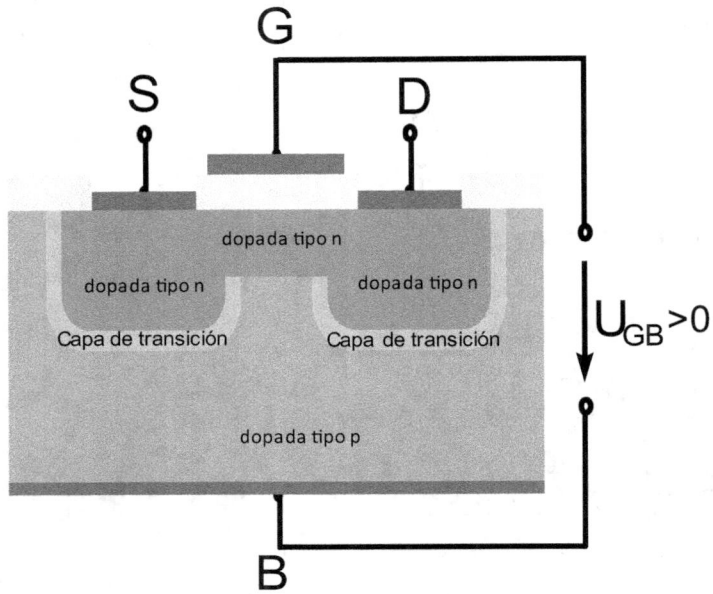

Figura 46 Estructura de un N-FET

 Al igual que el transistor bipolar, las polaridades pueden intercambiarse, lo que significa que la fuente y el drenaje están dopados positivamente y el sustrato está dopado negativamente.

Los FET también se dividen en transistores, que se conectan por defecto, y FET, que se desconectan por defecto.

 Se forma entonces un canal positivo en el estado de encendido. En consecuencia, se habla de un FET de canal n o de canal p.

Otro diseño es el MOSFET (transistor de efecto de campo de semiconductores de óxido metálico).

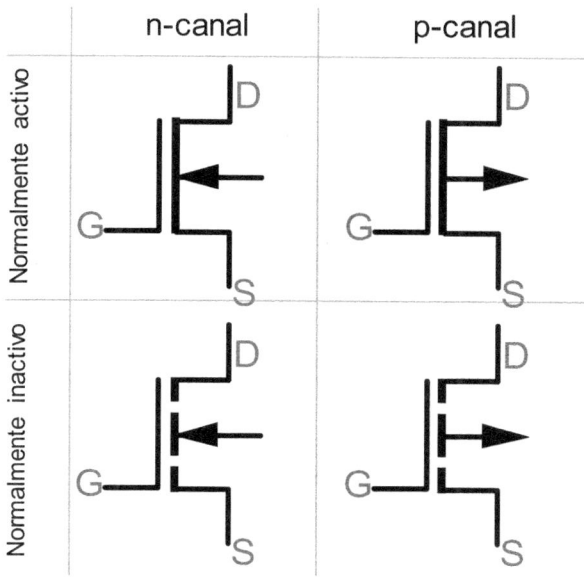

Figura 47 Símbolos del circuito FET de canal n y canal p

Nuestra fuente de alimentación también contiene transistores, principalmente MOSFET como transistores de conmutación. Se conectan y desconectan miles de veces por segundo y pueden así transformar una alta tensión de entrada hasta la tensión de salida requerida. Como, durante la conmutación, se producen pérdidas que se expresan en calor, los transistores se atornillan a un disipador de calor.

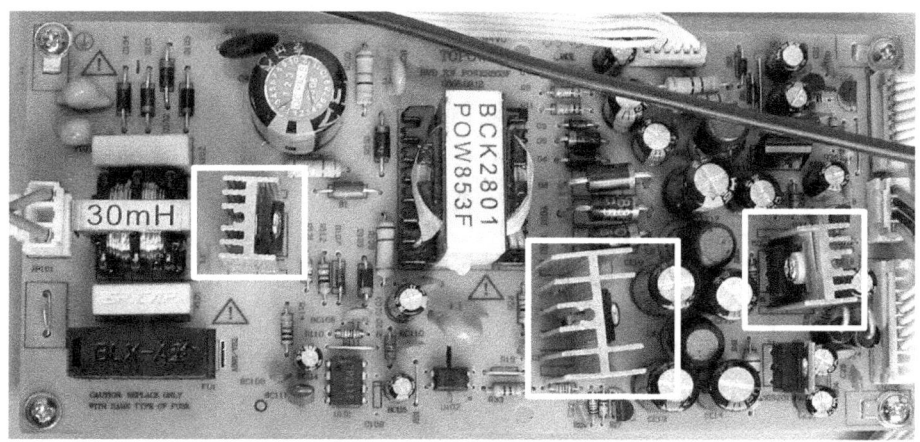

Semiconductor: unión PN , diodo, transistor

9 El condensador

Figura 48 Diferentes diseños de condensadores

El condensador es un componente de uso muy frecuente y puede encontrarse varias veces en cada circuito. Es un componente pasivo, por lo que no necesita una fuente de alimentación. Además, al igual que una batería, tiene la capacidad de almacenar cargas eléctricas, pero sólo durante períodos de tiempo más cortos. En nuestro modelo de agua, un condensador sería una cuenca de agua adicional que puede absorber y liberar mucha agua durante un corto periodo de tiempo. De este modo, puede compensar, por ejemplo, las entradas de agua inconstantes.

Varios símbolos de circuito para condensadores

Figura 49 Símbolos de circuito para diferentes tipos de condensadores

Hay muchos condensadores diferentes: condensadores cerámicos, electrolíticos, condensadores variables o condensadores ajustables. La estructura de estos componentes es básicamente la misma y bastante sencilla de entender.

💡 Dos superficies conductoras de electricidad, los electrodos o placas, una frente a la otra pero separadas por un aislante, el dieléctrico.

Por ser el más sencillo en términos de construcción, tomaremos como ejemplo el condensador de placa. En este caso, dos placas planas paralelas:

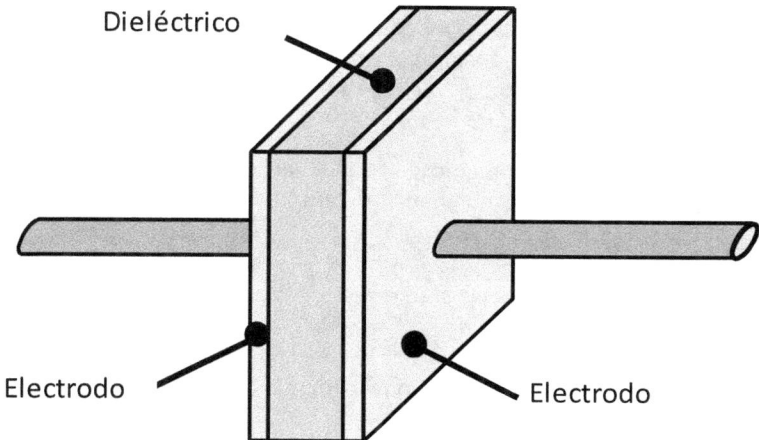

Figura 50 Estructura de un condensador de placas

Las conexiones o placas acá se denominan electrodos

Si se aplica una tensión al condensador, los portadores de carga llegan a las placas. Esto hace que se forme un campo eléctrico.

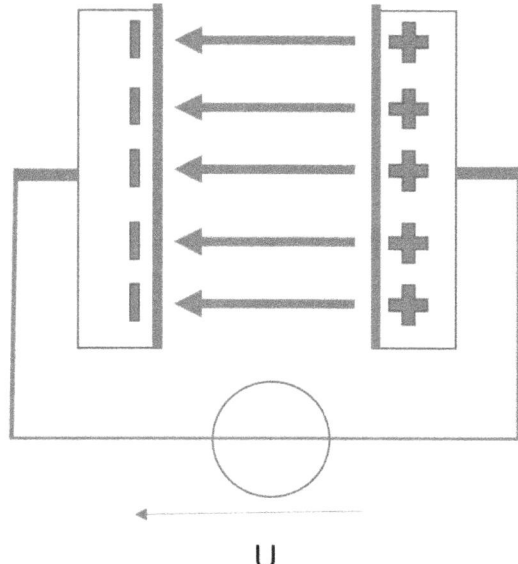

Figura 51 Estructura del campo E homogéneo en el condensador de placa

Si se aumenta la tensión, se atraen más portadores de carga a las placas, con lo que se almacena una mayor carga Q en las mismas.

La carga almacenada en las placas depende, por tanto, de la tensión U aplicada. Se trata de una relación proporcional entre la tensión y la carga, que puede expresarse mediante una constante de proporcionalidad. Esta constante es diferente para cada condensador y viene determinada por el diseño, el tamaño, el material y muchos otros factores.

 La constante que indica la relación entre la tensión y la carga se llama capacitancia C. Su unidad es el faradio F.

$$Q = U \cdot C$$

Se obtiene una mnemotecnia si se reescribe la ecuación como

$$Q = C \cdot U$$

Para determinar la capacitancia, convertimos la fórmula según la capacitancia C.

$$C = \frac{Q}{U}$$
$$1\,F = 1\,\frac{C}{V}$$

 La capacitancia es una medida de almacenamiento de carga eléctrica, no de energía. Sin embargo, coloquialmente no se suele hacer distinción alguna.

Para un condensador de placa, la capacitancia es fácil de calcular por el diseño. Para ello, partimos de dos supuestos:

1. Cuanto mayor sea la superficie de las placas, más carga podrá almacenarse con la misma tensión. La capacitancia es, por tanto, proporcional al área de la placa $C \sim A$.

2. Cuanto más separadas estén las placas, menos carga podrá almacenarse a la misma tensión. La capacitancia es, entonces, inversamente proporcional a la distancia entre las placas $C \sim \frac{1}{d}$

La fórmula se completa con una constante natural del campo eléctrico ε_0, así como una constante del dieléctrico ε_r.

$$C = \varepsilon_0 \cdot \varepsilon_r \cdot \frac{A}{d}$$

ε_0 se denomina constante del campo eléctrico y tiene el valor numérico de $8,85 \cdot 10^{-12} \frac{As}{Vm}$.

A ε_r se le llama permitividad relativa y depende del material. En el vacío o en el aire $\varepsilon_r = 1$. El papel tiene un ε_r de uno a cuatro, agua de unos 80 y los buenos aislantes hasta más de 10.000.

 En realidad, las capacitancias de los condensadores son relativamente pequeñas. El orden de magnitud de la capacitancia está en el rango de los micro, nano o picofaradios.

9.1 Carga de un condensador

Ya hemos aprendido que un condensador puede almacenar cargas y, por tanto, energía eléctrica. Si se conecta un condensador a una fuente de tensión, los portadores de carga se almacenan en las placas. A continuación veremos cuánto tarda un condensador en cargarse o descargarse y cuánta energía puede almacenar.

Todas las derivaciones siguientes para el condensador se hacen para entrenar la comprensión básica. Los efectos electrotécnicos se producen siempre al cargar dispositivos de almacenamiento eléctrico, independientemente de si se trata de un simple condensador de placas en el circuito, la batería del último smartphone o la batería de 75 kWh del coche eléctrico. Los modos de funcionamiento y las curvas de carga y descarga son análogas a las del condensador de placa simple.

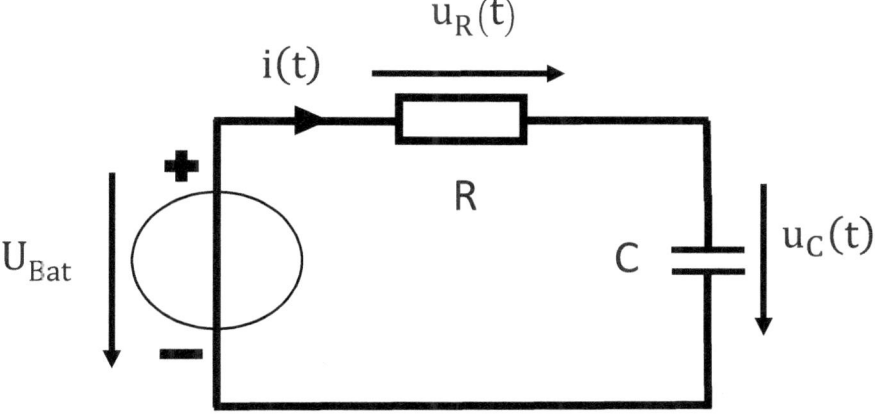

Figura 5.2 Circuito para cargar un condensador

Para entender el proceso de carga, vamos a suponer el circuito más sencillo con un condensador, una fuente de tensión, en este caso una batería simple, y una resistencia. Más adelante veremos por qué necesitamos absolutamente la resistencia.

 Este circuito combinado de condensador y resistencia también se llama elemento RC.

Buscamos las funciones $u_C(t)$ e $i(t)$ que dependen del tiempo t y describen la tensión del condensador y la corriente en el circuito durante el proceso de carga.

¿Por qué llamamos a la corriente $i(t)$ y no $i_C(t)$?

 Teóricamente $i_C(t)$ también sería correcto, pero sólo hay una corriente en todo el circuito. Por la resistencia y el condensador circula la misma corriente, por lo que no es necesario la distinción por índices.

Derivación

Para ello, veamos de nuevo el circuito y apliquemos la segunda regla de Kirchhoff, el teorema de las mallas. Tomamos una malla por los tres voltajes $u_R(t), u_c(t)$ y U_{Bat}.

$U_{Bat} - u_R(t) - u_c(t) = 0$

$U_{Bat} = u_R(t) + u_c(t)$

Usando esta ecuación, ahora lo hacemos en tres instantes de tiempo o periodos de tiempo durante la carga.

En el instante $T_0 = 0$ s, se conecta la fuente de alimentación y se carga el condensador.

1. $T_1 = T_0 = 0\ s$

El condensador sigue estando completamente "vacío" y puede contener muchos portadores de carga. La tensión aplicada al condensador es cero porque todavía no hay carga. $U_c = \frac{Q}{C} = 0$, $U_R = U_{Bat}$

 En este momento, el condensador no es una resistencia para la corriente. La corriente fluye como si el condensador no estuviera allí.

La corriente viene dada, entonces, por $I = \frac{U_R}{R} = \frac{U_{Bat}}{R}$

 También vemos inmediatamente por qué es necesaria la resistencia. Limita la corriente de carga al principio del proceso de carga. Sin la resistencia, habría prácticamente un cortocircuito. En el peor de los casos, el condensador explota o la fuente de tensión falla.

2. $T_0 < t < \infty$

Con el tiempo, el condensador se carga. Mas y más portadores de carga son empujados sobre las placas. Sin embargo, no se pueden cargar en las placas tantos portadores de carga como se desee, porque los portadores de carga, que ya están en las placas, repelen a los que les siguen. Así, cada vez entran menos portadores de carga nuevos; en consecuencia, la corriente sigue disminuyendo y la tensión del condensador aumenta constantemente.

3. $t \to \infty$

Si esperamos lo suficiente, las placas del condensador se llenan de portadores de carga. La fuente de tensión no puede empujar más portadores de carga sobre las placas. La corriente aquí es, por tanto, cero. Como no fluye más corriente, no cae más la tensión a través de la resistencia. $U_R = I \cdot R$

La tensión completa está aplicada, ahora, al condensador.

$U_{Bat} = U_c$ e $I = 0$

 El condensador bloquea el flujo de portadores de carga, por lo que es una resistencia infinitamente grande para el circuito.

Tendrías que aumentar el voltaje de la batería para empujar cargas adicionales al condensador.

Para obtener la función que nos da la tensión y la corriente del condensador en el circuito, volvemos a hacer nuestra fórmula de malla:

$U_{Bat} = u_R(t) + u_c(t)$

En ésta sustituimos $u_R(t) = i(t) \cdot R$ y $u_{c(t)} = \frac{q(t)}{C}$ y obtener

$U_{Batt} = i(t) \cdot R + \frac{q(t)}{C}$

También sabemos que la corriente representa la carga por intervalo de tiempo. En forma diferencial escribimos $I = \frac{dQ}{dt}$

El dt representa un cambio temporal infinitesimal.

Obtenemos lo que se llama una ecuación diferencial.

$U_{Bat} = \frac{dq(t)}{dt} \cdot R + \frac{q(t)}{C}$

Dejamos la resolución de la ecuación diferencial a los matemáticos, para nosotros sólo es importante la derivación y la solución. Si resolvemos la ecuación diferencial para q(t) y sustituimos la corriente de carga, y la tensión, obtenemos una función para la tensión y la corriente en el condensador. La solución de la ecuación diferencial es:

$$u_C(t) = U_{Bat} \cdot \left(1 - e^{\left(-\frac{t}{R \cdot C}\right)}\right)$$

$$i_C(t) = \frac{U_{Bat}}{R} \cdot e^{\left(-\frac{t}{R \cdot C}\right)}$$

Vemos que una función exponencial describe el proceso de carga del condensador, y que la carga tarda más tiempo si el condensador tiene una mayor capacidad, ya que entonces puede almacenar más portadores de carga.

Además, resulta que el proceso de carga tarda más tiempo cuando la resistencia es mayor, ya que es un obstáculo para los portadores de carga y reduce el flujo de corriente.

:̇Q̇:̇ Por lo tanto, el producto de la capacitancia C y el valor de la resistencia en serie R también se denomina constante de tiempo τ (tau). $\tau = RC$

Por último, trazamos la tensión y la corriente de carga a lo largo del tiempo. El tiempo se da en múltiplos de la constante de tiempo, ya que la curva de carga depende de ella.

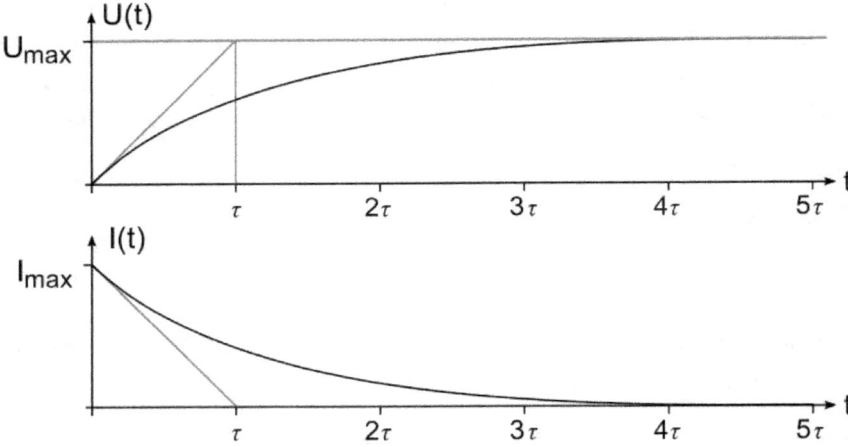

Figura 53 Curva de carga de un condensador

$U_{max} = U_{Bat}$; $I_{max} = \frac{U_{Bat}}{R}$

😟! τ (tau) no describe el tiempo que necesita el condensador para cargarse por completo.

Ejemplo: Si τ = 5s, el condensador no está completamente cargado después de 5 segundos, sino sólo hasta aproximadamente el 63,7 %. $(0{,}637 = e^{-1})$. Después de 10 s = 2 τ es alrededor del 86 % $(0{,}86 = e^{-2})$, después de 15 s = 3 τ a casi el 95 % y después de 25 s = 5 τ está cargado casi al 99,3 %.

 En teoría, un condensador nunca está cargado al 100%. En la práctica, suele ser suficiente decir que un condensador está completamente cargado después de más de 5 τ.

9.2 Descarga del condensador

La descarga de un condensador es análoga al proceso de carga. Para ello, volvemos a suponer el circuito más sencillo con un condensador y una resistencia. Al principio del proceso de descarga, el condensador se carga hasta el nivel de la tensión de la batería. $U_C = U_{Bat}$. Entonces se desconecta la alimentación de tensión y se sustituye por un cortocircuito (un trozo de cable). Esto puede realizarse, por ejemplo, mediante un interruptor que alterna entre la tensión de la batería y un cortocircuito.

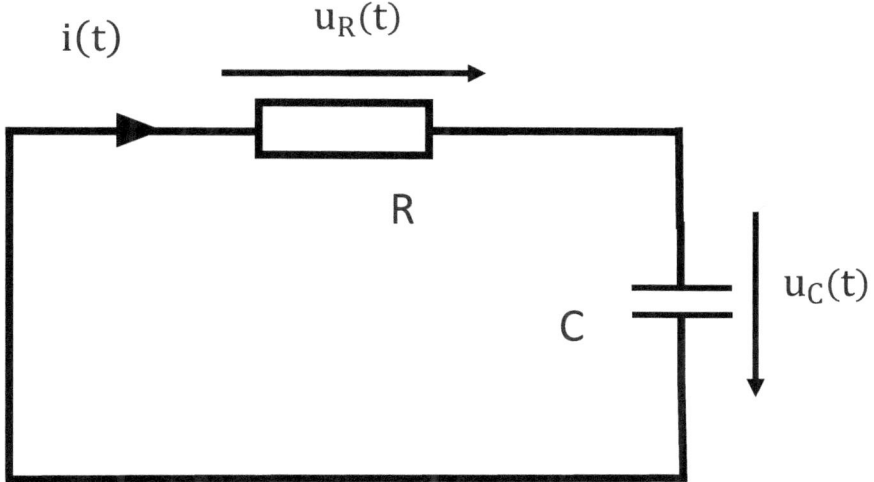

Figura 54 Circuito de descarga de un condensador

Volvemos a buscar las funciones $u_C(t)$ así como $i_C(t)$ que dependen del tiempo t, y de la tensión del condensador, así como de la corriente en el circuito durante el proceso de descarga. La ecuación de la malla nos da:

$u_R(t) - u_c(t) = 0$

$u_R(t) = u_c(t)$

En éste sustituimos $u_R(t) = i(t) \cdot R$ y $u_{c(t)} = \frac{q(t)}{C}$

$$i(t) \cdot R = +\frac{q(t)}{C}$$

Sustituimos $I = \frac{dQ}{dt}$ y obtenemos una ecuación diferencial.

$$\frac{dq(t)}{dt} \cdot R = +\frac{q(t)}{C}$$

Una vez más, nos saltamos los planteamientos matemáticos más profundos y nos contentamos con la solución de la ecuación diferencial.

$$u_C(t) = U_{Bat} \cdot e^{\left(-\frac{t}{\tau}\right)}$$

$$i_C(t) = -\frac{U_{Bat}}{R} \cdot e^{\left(-\frac{t}{\tau}\right)}$$

Con $\tau = RC$ y el valor inicial de la tensión del condensador de U_{Bat}.

trazamos la tensión y la corriente de carga a lo largo del tiempo:

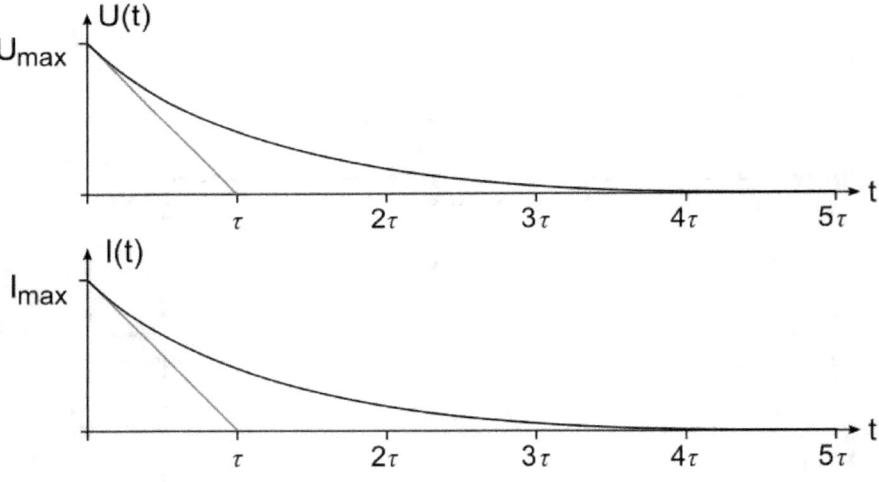

Figura 55 Curva de descarga de un condensador

$$U_{max} = U_{Bat}; I_{max} = -\frac{U_{Bat}}{R}$$

Atención: la corriente sale del condensador y, por tanto, es negativa. ¡El gráfico sólo muestra la cantidad de corriente!

Otra vez:

En teoría, un condensador nunca está descargado al 100%. En la práctica, suele ser suficiente decir que el condensador se descarga después de 5 τ.

Excurso: Carga de pilas y baterías recargables

En principio, las baterías no son más que condensadores muy grandes. Aunque las baterías almacenan energía de forma química y no eléctrica, los procesos de carga y descarga son similares. Por lo tanto, al cargar las pilas y los acumuladores, habría que utilizar también una resistencia para limitar la corriente. Sin embargo, la resistencia sólo convertiría la preciosa energía eléctrica en calor no utilizado.

Se perdería una cantidad considerable de energía cada vez que se cargue la batería. Por eso las baterías no se cargan con una fuente de tensión fija, sino con un cargador inteligente. Este cargador, por ejemplo, la fuente de alimentación de 5V de nuestro smartphone, limita la corriente para que la batería no se dañe. Esto significa que la corriente puede limitarse sin una resistencia de carga.

9.3 ¿Cuánta energía puede almacenar un condensador?

Sabemos cuanta carga puede contener un condensador con capacidad C, a saber $Q = U \cdot C$

Pero, ¿cuánta energía se almacena en el condensador cuando está completamente cargado?

La energía se almacena en el campo eléctrico del condensador. La cantidad de energía se puede calcular de la siguiente manera
$$E = \frac{1}{2} \cdot Q \cdot U$$

Con $Q = U \cdot C$, obtenemos
$$W_{el} = \frac{1}{2} \cdot C \cdot U^2$$

¿Cuánto tiempo dura un condensador con una capacidad de 100 nF y una resistencia de carga de 1 kOhm hasta que esté completamente cargado? ¿Cuál es, entonces, la corriente que fluye en el condensador cuando se aplican 9 V?

Solución: Después de unas cinco constantes de tiempo, el condensador se carga. $5\,\tau = 5 \cdot RC = 5 \cdot 1000\,\Omega \cdot 100\,nF = 500\,\mu s$
La corriente se ha convertido entonces en cero.

 ¿Cuánto tiempo tarda el mismo condensador en descargarse?

Solución: El mismo tiempo que para cargarse. es decir $500\,\mu s$

 ¿Por qué se necesita una resistencia en serie para el condensador cuando se carga?

Solución: Para limitar la corriente de carga máxima.

 ¿Cuánta energía puede almacenar un condensador de 200 µF a una tensión de 4 kV?

Solución: $W_{el} = \frac{1}{2} \cdot C \cdot U^2 = \frac{1}{2} \cdot 200\,\mu F \cdot (4\,kV)^2$

$= \frac{1}{2} \cdot 200 \cdot 10^{-6}\,F \cdot 16 \cdot 10^6\,V^2 = 1600 F\,V^2 = 1{,}6\,kJ$

9.4 Área de aplicación de los condensadores

Hemos visto que los condensadores son muy buenos para almacenar cargas, pero sólo durante un corto periodo de tiempo. Esto hace que los condensadores sean perfectos para soportar tensiones y corrientes.

Si una fuente de tensión no puede proporcionar la cantidad de corriente necesaria, el condensador sirve de almacenamiento intermedio.

Libera mucha energía cuando es necesaria en poco tiempo. Después, cuando hay poca carga, se recarga.

 Estos condensadores de apoyo casi siempre se instalan en paralelo con las tensiones de alimentación para poder apoyarlas.

Por ejemplo, en las fuentes de poder, en las placas de circuitos o en los electrodomésticos. Protegen contra los picos de sobretensión, o si la tensión de alimentación se desploma brevemente, por ejemplo, debido a un gran salto de carga en el consumidor.

Los condensadores también se utilizan para filtrar altas frecuencias, por ejemplo, en aplicaciones como en procesamiento de datos o la amplificación de audio.

En nuestra fuente de poder, vemos un montón de condensadores que soportan tanto la tensión de entrada como la de salida. Además, se instalan numerosos condensadores para filtrar las tensiones parásitas.

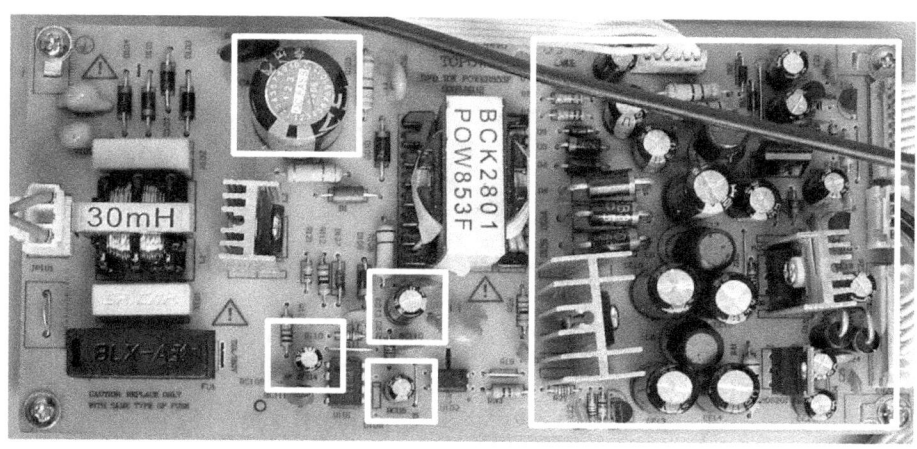

10 La bobina

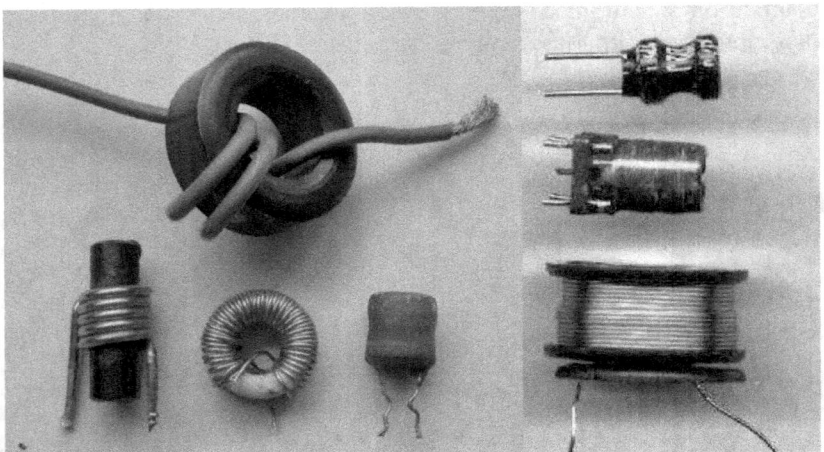

Figura 56 Diferentes diseños de bobinas

La bobina es también, junto al condensador, un componente de uso muy frecuente y puede encontrarse varias veces en cada circuito. Sin embargo, las bobinas son significativamente más caras, tanto en términos de material como de producción. Por eso los diseñadores de circuitos intentan minimizar este componente y sustituirlo por condensadores o resistencias si es necesario.

Al igual que el condensador, la bobina es un componente pasivo. Tiene la capacidad de almacenar energía eléctrica.

Sin embargo, no utiliza un campo eléctrico para ello, sino un campo magnético. De nuevo, la energía sólo puede almacenarse durante un corto periodo de tiempo. La bobina puede dibujarse en el diagrama de un circuito de dos maneras diferentes:

Figura 57 Símbolos en un circuito de una bobina

💡 Una bobina no es más que un cable que se enrolla varias veces alrededor de un cuerpo.

La bobina suele estar enrollada en un material con buena conductividad magnética, como hierro o ferrita. . Sin embargo, también es posible utilizar bobinas de núcleo de aire, es decir, bobinas sin cuerpo de bobinado.

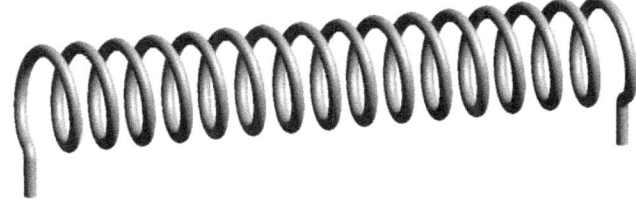

Figura 58 Estructura de una bobina de núcleo de aire

La construcción más sencilla corresponde a una bobina cilíndrica. En este caso, se enrolla un cable en un cilindro de sección redonda. En la ilustración, el núcleo ha sido retirado posteriormente, por lo que se trata de una bobina de núcleo de aire..

Cuando una corriente pasa por la bobina, se crea un campo magnético. El campo magnético que se forma depende de la corriente que circula por la bobina.

 De forma análoga a la capacitancia del condensador de placa, la variable característica de una bobina es su inductancia propia, la autoinductancia o simplemente inductancia L.

Esto indica lo "bien" que la bobina puede crear un campo magnético. Por ello, en el lenguaje coloquial, a veces se habla de una inductancia en lugar de una bobina. La unidad de inductancia es el Henry, H, llamada así por el matemático estadounidense Joseph Henry.

$$1\,\text{H} = 1\,\frac{\text{kg} \cdot \text{m}^2}{\text{A}^2 \cdot \text{s}^2}$$

La inductancia es diferente para cada bobina y está determinada por el diseño, el tamaño y muchos otros factores.

Para una bobina cilíndrica la inductancia es relativamente fácil de calcular.

$$L = \mu_0 \cdot N^2 \cdot \frac{A}{l}$$

Donde μ_0 es la constante del campo magnético.

La fórmula es una ecuación aproximada que se aplica a bobinas cilíndricas largas. En la práctica, el valor de la bobina se escribe en el componente. Por lo tanto, cuando se trata de bobinas que se auto enrollan, se puede utilizar esta fórmula.

En realidad, las inductancias de las bobinas son relativamente pequeñas. El orden de magnitud de una inductancia está en el rango de los mili, micro, nanohenry.

En nuestro modelo de agua, la bobina corresponde a una paleta o un volante de inercia con una gran masa. A diferencia del consumidor, no sirve para extraer energía del circuito, sino que funciona de forma pasiva con el flujo de agua. Sin embargo, debido a su elevada masa, es muy inerte. Al principio, el agua debe empujar primero la rueda de paletas. Así que se frena hasta que la rueda de paletas comienza a moverse. Si la bomba se apaga después, la rueda sigue funcionando durante cierto tiempo debido a la inercia y sigue impulsando el agua. Vemos que el flujo de agua no puede iniciarse ni detenerse bruscamente. La rueda de paletas seguiría deteniendo o empujando el agua.

10.1 Acoplamiento magnético

Otra propiedad de las bobinas es la transferencia de energía de una bobina a otra. Imaginemos un segundo circuito de agua para este fin. En cada circuito hay un volante de inercia, y ambos volantes están conectados entre sí por un eje. Si se acciona un volante, el otro se acciona automáticamente y pone en movimiento el segundo circuito de agua. La energía se transfiere de un circuito a otro a través del eje sin que los flujos de agua esten conectados.

En el circuito eléctrico, el campo magnético representa la "onda". Para un acoplamiento magnético, se enrollan dos bobinas en un núcleo común.

Si circula una corriente por una de las bobinas, se crea un campo magnético. Esto induce una tensión por inducción y un flujo de corriente en la segunda bobina. Esto se denomina transformador. En un transformador, la energía se transfiere de una bobina a otra sin tener contacto.

La ilustración muestra de nuevo la conocida fuente de poder. La bobina marcada está enrollada en un núcleo de ferrita y sirve como filtro de entrada. En el centro, vemos un transformador enmarcado en un cuadrado, que consta de dos bobinas enrolladas entre sí.

10.2 Proceso de encendido de una bobina

Para entender la carga de las bobinas, primero consideramos qué propiedades tiene una bobina cuando se le aplica una tensión. Para ello, aplicamos nuestro modelo de agua. Ya sabemos que la bobina puede considerarse como una rueda de paletas con una masa muy grande.

Cuando la bomba empieza a funcionar, la rueda bloquea el agua. Comienza a girar lentamente, pero sigue frenando el agua. En el proceso, la rueda de paletas absorbe energía.

De forma análoga, la bobina del circuito eléctrico bloquea el flujo de corriente.

 Dado que la bobina bloquea el flujo de corriente, la bobina también se denomina bloqueador de corriente o simplemente bloqueador.

Poco a poco, la rueda de paletas se pone en marcha y gira tan rápido como el agua. Ya casi no es un obstáculo para el ciclo del agua.

Ya hemos aprendido que una bobina genera un campo magnético y, por tanto, puede almacenar energía. Si se conecta una fuente de tensión a la bobina, empieza a circular una corriente.

A continuación, veremos cuanto tiempo necesita una bobina para construir el campo magnético por completo. Decimos hasta que la bobina esté completamente cargada.

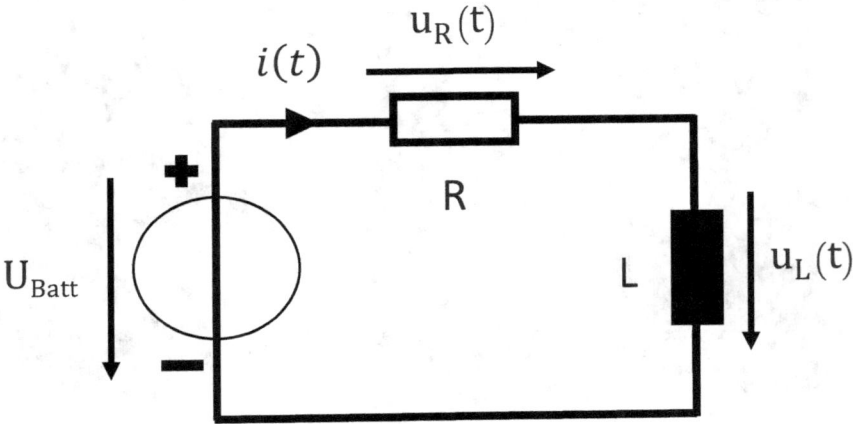

Figura 59 Circuito para "cargar" una bobina

Todas las derivaciones siguientes para la bobina se hacen para explicar la comprensión básica del proceso de carga. Para ello, se parte del circuito más sencillo con una bobina, una resistencia y una fuente de tensión, aquí a una simple pila.

 Este circuito combinado de bobina y resistencia también se denomina elemento RL..

De nuevo buscamos las funciones $u_L(t)$ e $i(t)$ que dependen del tiempo t y describen así la tensión y la corriente de la bobina en el circuito durante el proceso de carga.

Derivación

Para ello, volvemos a observar el circuito en detalle y aplicamos la segunda regla de Kirchhoff, el teorema de mallas. Pasamos una malla por los tres voltajes $u_R(t)$, $u_L(t)$ y U_{Bat}.

$U_{Bat} - u_L(t) - u_R(t) = 0$

$U_{Bat} = u_L(t) + u_R(t)$

Utilizando esta ecuación, podemos explicar de forma plausible tres instantes de tiempo, o intervalos de tiempo.

En el instante $T_0 = 0s$ la tensión se aplica y la bobina se carga.

1. $T_1 = T_0 = 0s$

En el tiempo 0s se producen muchos efectos que se explicaron en el capítulo sobre el electromagnetismo. Si le resulta difícil entender los siguientes procesos, es aconsejable volver a consultarlos.

1. Se aplica la tensión y la corriente comienza a fluir.

2. Un campo magnético se crea en la bobina.

3. El campo magnético que se crea corresponde a un cambio del flujo magnético.

4. Una tensión U_{ind} se induce.

$$U_{ind} = -\frac{d(B \cdot A)}{dt}$$

5. Según la regla de Lenz, esta tensión contrarresta su causa, el aumento del campo magnético (aumento de la corriente).

6. Como resultado, no fluye ninguna corriente en el tiempo 0s y no cae ninguna tensión a través de la resistencia. $U_{Bat} = U_L = -U_{ind}$

   2. $T_0 < t < \infty$

Con el tiempo, el campo magnético va creciendo. Cada vez se almacena más energía. La corriente en el circuito aumenta en consecuencia, la tensión $u_L(t)$ disminuye y la tensión $u_R(t)$ aumenta.

   3. $t \to \infty$

Si esperamos lo suficiente, se alcanza el valor máximo de la corriente. El campo magnético se ha establecido completamente. La tensión cae completamente a través de la resistencia. U_{Bat}. $U_{Batt} = U_R$

Ya no se induce ninguna tensión en la bobina y la tensión de la bobina llega a cero. $U_L = 0$.

La corriente en el circuito está limitada en consecuencia por $I = \frac{U_{Bat}}{R}$.

Para obtener la función que nos da la tensión y la corriente de la bobina en el circuito, añadimos nuestra fórmula de malla:

$U_{Batt} = u_L(t) + u_R(t)$

Con esto sustituimos $u_R(t) = i(t) \cdot R$

Análogo a la tensión del condensador $u_{C(t)} = \frac{q(t)}{C}$ la tensión de la bobina depende de la corriente de excitación, que cambia con el tiempo.

$$u_{L(t)} = L\frac{di(t)}{dt}$$

La derivación de esta ecuación se omite deliberadamente, para nosotros la analogía con la tensión del condensador es suficiente. Volvemos a obtener una ecuación diferencial:

$$U_{Batt} = L\frac{di(t)}{dt} + R \cdot i(t)$$

Como es habitual, las matemáticas nos proporcionan la solución de la ecuación diferencial:

$$i_L(t) = \frac{U_{Batt}}{R} \cdot \left(1 - e^{\left(-\frac{R \cdot t}{L}\right)}\right)$$

$$U_L(t) = U_{Batt} \cdot e^{\left(-\frac{R \cdot t}{L}\right)}$$

Vemos que de nuevo una función exponencial describe el proceso de carga de la bobina.

El cociente de la resistencia y la inductancia forma nuestra constante de tiempo τ (tau). $\tau = \frac{L}{R}$

Todas las propiedades del condensador, como la estimación de que la bobina está completamente cargada después de 5τ también son válidos aquí.

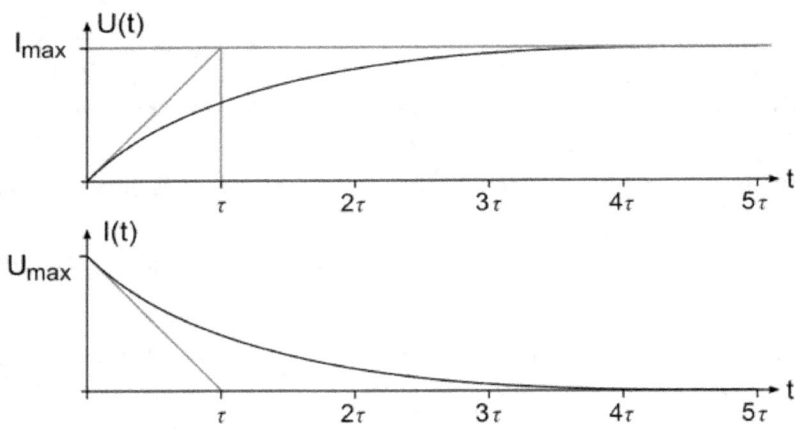

Figura 60 Curva de carga de una bobina

$$U_{max} = U_{Bat}; I_{max} = \frac{U_{Bat}}{R}$$

10.3 Apagado de una bobina

Apagar una bobina es análogo a encenderla. Para ello, volvemos a suponer el circuito más sencillo con una bobina, un interruptor y una resistencia. Al principio, la corriente del circuito es máxima y la tensión de la bobina es $U_L = 0$.

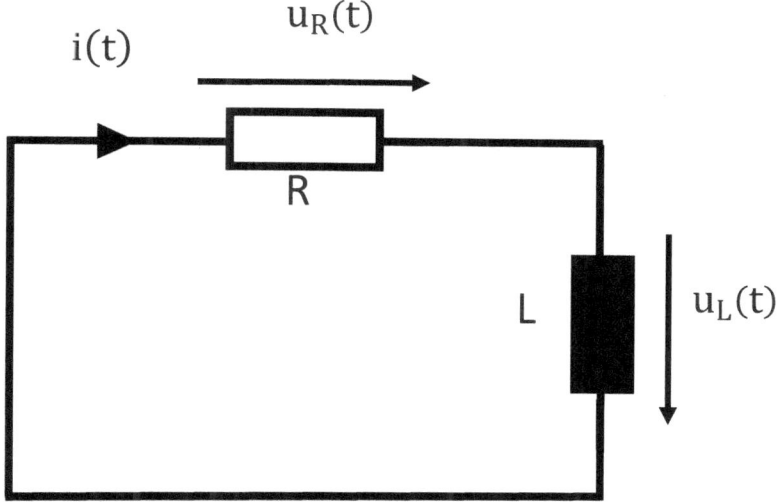

Figura 61 Circuito para "descargar" una bobina

Volvemos a buscar las funciones $u_L(t)$ e $i_L(t)$ que dependen del tiempo t y describen así la tensión de la bobina y la corriente en el circuito durante el proceso de desmagnetización. Una circulación completa de la malla da lugar a

$u_R(t) - u_L(t) = 0$

$u_R(t) = u_L(t)$

Reemplazamos $u_R(t) = i(t) \cdot R$ y $u_{L(t)} = L\frac{di(t)}{dt}$

Y obtenemos, de nuevo, la ecuación diferencial.

$i(t) \cdot R = L\frac{di(t)}{dt}$

La solución es:

$i_L(t) = \frac{U_{Bat}}{R} \cdot e^{\left(-\frac{t}{\tau}\right)}$

$u_L(t) = -U_{Bat} \cdot e^{\left(-\frac{t}{\tau}\right)}$

Con $\tau = \frac{L}{R}$ y el valor inicial de la corriente de la bobina $I_{max} = -\frac{U_{Bat}}{R}$

Grafiquemos el voltaje y la corriente de descarga en el tiempo:

$U_{max} = U_{Bat}; I_{max} = -\frac{U_{Bat}}{R}$

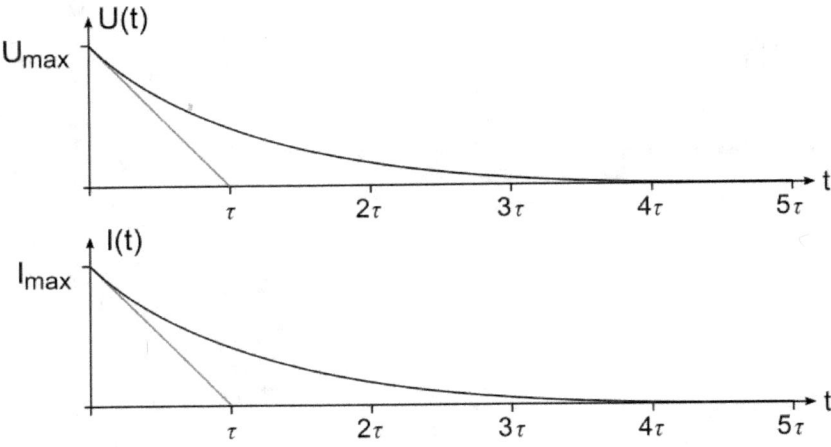

Figura 62 Curva de descarga de una bobina

 Atención: La tensión en la bobina es negativa desde el momento en que se desconecta, ya que contrarresta la causa (disminución de la corriente).

$$U_{ind} = -\frac{d(B \cdot A)}{dt}$$

El gráfico muestra la curva de la tensión.

10.4 ¿Cuánta energía puede almacenar una bobina?

La cantidad de energía eléctrica que una bobina puede almacenar en su campo magnético depende de la corriente que circula por ella y de la autoinductancia de la bobina. La energía se almacena en el campo magnético de la bobina. La cantidad de energía se puede obtener como

$$E = \tfrac{1}{2} \cdot H \cdot B \text{ o } W_{mag} = \tfrac{1}{2} \cdot L \cdot I^2$$

 ¿Cuánto tiempo tarda una bobina con una capacidad de inducción de 300 µH y una resistencia de carga de 2 kΩ hasta que esté completamente cargada? ¿Cuál es entonces la corriente cuando se aplica una pila de bloque con una tensión de 9 V?

Solución: Después de cinco constantes de tiempo la bobina está cargada.

$$5\tau = 5 \cdot \frac{L}{R} = 5 \cdot \frac{300\ \mu H}{2000\ \Omega} = 750\ ns$$

$$I = \frac{U}{R} = \frac{9\text{ V}}{2\text{ k}\Omega} = 4{,}5\text{ mA}$$

 ¿Cuánta energía puede producir una bobina con una inductancia de 400 µH con una resistencia de carga de 1 kΩ y una tensión aplicada de 9 V?

$$W_{mag} = \frac{1}{2} \cdot L \cdot I^2 = \frac{1}{2} \cdot 400\text{ µH} \cdot 0{,}9\text{ A}^2 = 162\text{ µJ}$$

10.5 Comparación entre el condensador y la bobina

Ya hemos visto que los condensadores y las bobinas tienen muchas cosas en común. La siguiente tabla muestra las características más importantes.

Componente	Condensador C	Bobina L
Símbolo de la unidad	Farad F	Henry H
Almacenamiento de energía	Campo eléctrico	Campo magnético
Energía en el componente	$W_{el} = \frac{1}{2} \cdot C \cdot U^2$	$W_{mag} = \frac{1}{2} \cdot L \cdot I^2$
Campo de aplicación	Estabilización de la tensión y la corriente Filtrado	Suavizado de corriente Transformadores de filtrado
Constante de tiempo τ durante la descarga/carga	$\tau = R \cdot C$	$\tau = \frac{L}{R}$
Resistencia en estado de reposo	Cero	Infinito
Resistencia en estado de carga	Infinito	Cero

11 Ejemplo práctico - Retraso en el encendido de los LEDs

Hemos elaborado numerosos fundamentos teóricos. Ya conocemos muchos componentes y sus modos de acción. Estamos preparados para examinar un pequeño circuito y comprender su modo de acción.

El objetivo del circuito es encender un LED, pero no inmediatamente, sino con un **retardo**. Para ello, necesitamos una fuente de tensión, por ejemplo, una pila de bloque de 9 V, un transistor, un LED, una resistencia en serie para el LED y una resistencia de base para el transistor, que también constituye la resistencia de carga del condensador.

Propósito	Componente	Designación/valor
Fuente de tensión	Batería	Batería de bloque de 9 V
Interruptor	Transistor NPN	BC548C
Fuente de luz	LED	5 mm LED blanco
Resistencia en serie	Resistencia	380 Ω
Resistencia de la base	Resistencia	100 kΩ
Tiempo de retraso	Condensador	220 µF

El LED y la resistencia R2 están conectados en serie y se conectan a la fuente de tensión U_{Bat} así como al colector C del transistor T.

La resistencia R1 y el condensador C también están conectados en serie y se conectan entre la fuente de tensión y tierra. El emisor E del transistor T está conectado directamente a tierra.

11.1 El circuito

El circuito se construye como sigue:

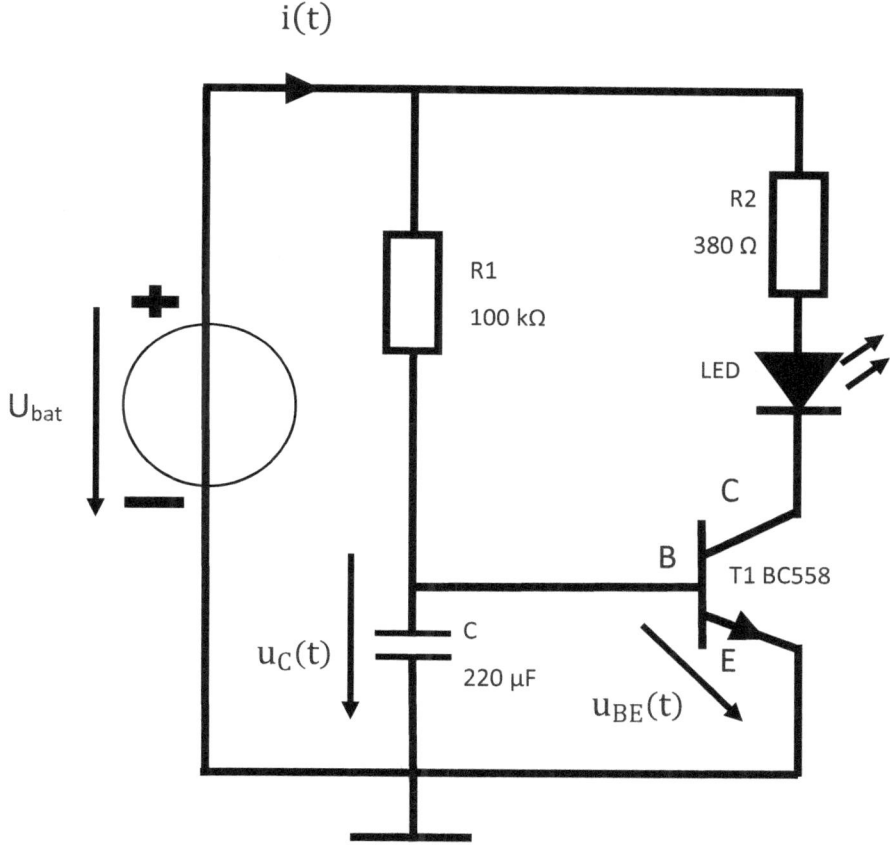

Figura 63 Circuito para encender un LED con retardo de tiempo

Dibujamos una malla muy sencilla a través de la tensión del condensador y la tensión base-emisor del transistor.

$u_{BE}(t) - u_C(t) = 0$, o $u_{BE}(t) = u_C(t)$

La tensión del condensador $u_C(t)$ es igual a la tensión base-emisor $u_{BE}(t)$ del transistor.

¿Qué ocurre cuando se conecta la fuente de tensión de 9 V?1. Se aplica la fuente de tensión. El condensador está completamente descargado. La tensión del condensador es, de acuerdo con $U_C = \frac{Q}{C} = 0$.

Ejemplo práctico - Retraso en el encendido de los

Recordamos que el transistor sólo conmuta cuando la tensión base-emisor es superior a 0,7 V. Por lo tanto, el transistor T no conduce al principio, el LED no se enciende.

Con el tiempo, el condensador se carga a través de la resistencia R1, cada vez llegan más portadores de carga al condensador y la tensión de este aumenta.

En este estado, el condensador se carga con la curva de carga conocida (función exponencial), pero el transistor sigue bloqueado y el LED no puede encenderse.

La tensión en el condensador sigue subiendo hasta alcanzar los 0,7 V. Ahora el transistor puede conmutar para que fluya una corriente desde la tensión de alimentación de 9 V a través del LED y la resistencia a tierra. Así, el LED se enciende tras un tiempo de retardo.

11.2 Cálculo del tiempo de retardo

El tiempo de retardo depende directamente de la curva de carga del condensador.

El transistor conmuta tan pronto como la tensión del condensador se eleve por encima de $u_{BE}(t) = u_C(t) = 0{,}7\ V$. Ya hemos obtenido la fórmula de la tensión del condensador.

$$u_C(t) = U_{Bat} \cdot \left(1 - e^{\left(-\frac{t}{R \cdot C}\right)}\right)$$

Por lo tanto, se debe cumplir lo siguiente para la tensión del condensador

$$0{,}7\ V = U_{Bat} \cdot \left(1 - e^{\left(-\frac{t}{R \cdot C}\right)}\right)$$

$$\frac{0{,}7\ V}{9\ V} = 1 - e^{\left(-\frac{t}{R \cdot C}\right)}$$

$$\frac{0{,}7\ V}{9\ V} - 1 = -e^{\left(-\frac{t}{R \cdot C}\right)}$$

$$-0{,}922 = -e^{\left(-\frac{t}{R \cdot C}\right)}$$

$$\ln(0{,}922) = -\frac{t}{R \cdot C}$$

$$t = -\ln(0{,}922) \cdot R \cdot C$$

El retardo se obtiene eligiendo la resistencia y el condensador.

Para nuestros valores de $R = 100\ k\Omega$, $U_{Bat} = 9\ V$, y $C = 220\ \mu F$ obtenemos un retardo de encendido de:

$$t = -\ln(0{,}922) \cdot 100\ k\Omega \cdot 220\ \mu F \approx 1{,}79\ s$$

Variando la resistencia R1 y el condensador C, se puede acortar o alargar el tiempo.

A continuación, se construye el circuito utilizando un protoboard. La figura muestra el circuito terminado, construido discretamente. El interruptor sólo sirve para conectar y desconectar la tensión de alimentación.

¿Puede identificar los componentes restantes? ¿Qué componente es el condensador, cuál es el transistor, el LED o la resistencia?

Figura 64 Construcción de circuitos discretos en un protoboard

Ejemplo práctico - Retraso en el encendido de los

12 Introducción a la teoría de la corriente alterna

Todas las suposiciones, cálculos y ejemplos que hemos hecho hasta ahora suponían que las tensiones, las corrientes o la potencia eran constantes. Hasta ahora, esto también ha sido en gran medida preciso.

Por ejemplo, la pila de 9 V suministra permanentemente 9 V. El potencial del polo positivo es 9 V "más alto" que el del polo negativo.

Si sólo consideramos las cantidades que no cambian en el transcurso del tiempo, generalmente también hablamos de **corriente continua**. En inglés también se habla de *corriente continua* abreviado como **DC**.

Sin embargo, no siempre la tensión u otras variables permanecen constantes. La forma más fácil de entender por qué esto es así es echar un vistazo a cómo se puede generar la electricidad.

Aviso:
La teoría de la corriente alterna es un tema muy complejo. Para poder comprender plenamente todas las interrelaciones, son necesarios varios años de estudio. Por lo tanto, las siguientes secciones no insisten, en absoluto, en la exhaustividad. Algunas áreas, como la teoría del puntero o áreas de las matemáticas superiores, como los números complejos, han sido deliberadamente simplificadas o reducidas a lo más necesario. La atención se centra claramente en la comprensión y el significado de la teoría en la práctica. Por ello, se introducen ejemplos de la vida real.

12.1 Generación de energía

Ya hemos hecho muchos cálculos con la electricidad y la tensión. Sin embargo, ¿cómo se suministra la electricidad en primer lugar?

Hay muchas formas de generar una tensión o un flujo de corriente.

El rayo es probablemente el fenómeno más antiguo en el que interviene la electricidad. En los rayos se forman diferentes polos. Los rayos que percibimos durante una tormenta son los llamados rayos nube-tierra.. En este caso, se forma un polo fuertemente negativo dentro de una nube en relación con la superficie terrestre.

 El 80-90 % de los rayos no son rayos de nube a tierra, sino rayos de nube a nube . Se producen cuando las cargas se separan a diferentes alturas. El rayo es una forma de igualación de carga de una nube a otra. Percibimos los relámpagos de nube a nube, si es que los percibimos, como si el cielo se iluminara.

En algún momento, se alcanza el punto en el que la tensión es lo suficientemente alta como para ionizar las moléculas de aire. Esto significa que los electrones y los protones de una molécula están separados por el fuerte campo eléctrico.

Sin embargo, esto también crea un canal conductor, porque hemos aprendido que la electricidad no es más que portadores de carga en movimiento.

A través de este canal, el rayo se descarga con una intensidad de corriente de hasta más de 100 kA.

El efecto de que los rayos son causados por la electricidad natural fue confirmado por Benjamín Franklin en 1752, cuando voló una cometa en una tormenta eléctrica y provocó así un rayo.

En teoría, es posible aprovechar la energía de los rayos. Sin embargo, como los rayos se producen de forma irregular, no tiene sentido económico utilizar este fenómeno natural para generar electricidad.

El primer uso real de la electricidad fue descubierto por un inventor inglés cuyo nombre ya hemos encontrado varias veces. Nos referimos a Allessandro Volta, en cuyo honor también se nombró la unidad de voltaje.

Volta utilizó para ello una propiedad química de los metales: Cuando dos metales entran en contacto, el menos noble siempre se disuelve. En este contexto, disolver significa que se oxida y se descompone. Es similar a la oxidación del cobre.

Esto produce una tensión que hasta entonces no se podía medir ni utilizar.

Sin embargo, hacia 1800, Volta inventó una forma de demostrar este efecto. Tomó placas metálicas de zinc y cobre y las apiló unas sobre otras. Entre ellos había trapos de cuero empapados en una solución salina. El zinc, que es químicamente el metal menos noble, se disolvió y cedió electrones. Los átomos de zinc se disolvieron en la solución salina, pero los electrones permanecieron. Como resultado, la placa de zinc formaba el polo negativo de la primera celda de una batería.

El voltaje puede aumentarse conectando varias de estas celdas de Volta en serie.. En este caso, conectado en serie no significa más que las celdas están apiladas unas encima de las otras. La placa de zinc en el extremo inferior era el polo negativo, la placa de cobre en el extremo superior el polo positivo.

Esto dio lugar a la primera pila utilizable, la **columna de Volta**.

Figura 59 Columna de Volta de varias etapas

Vemos que la electricidad se utiliza desde hace más de 200 años. Pero, ¿cómo es la generación de electricidad hoy en día?

Una gran parte de la generación de electricidad procede ahora de las energías renovables. Entre ellas se encuentran las plantas de energía solares y la energía eólica.

El principio de un sistema de energía solar es relativamente sencillo de entender

Ya hemos visto el efecto de una transición PN ya conocido. Como recordatorio, utilicemos de nuevo el gráfico de una transición PN.

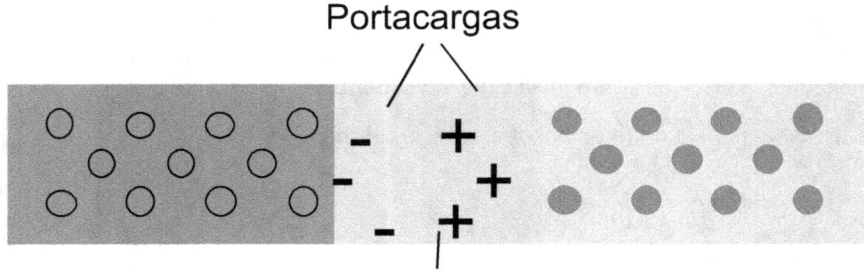

Figura 60 Transición PN

En principio, un sistema de energía solar no es más que una unión PN de gran superficie, es decir, silicio dopado con boro y fósforo.

Esto nos da una oblea de silicio que tiene muchos electrones libres. Todavía no podemos utilizarlas, porque están firmemente unidas al núcleo.

Sin embargo, cuando los rayos solares de alta energía inciden en el silicio dopado, los electrones libres se separan de su núcleo. Los electrones son "expulsados", se crea una tensión y los electrones pueden salir a través de un consumidor.

En la práctica, una sola celda solar genera una tensión continua de 0,5-0,6 V.

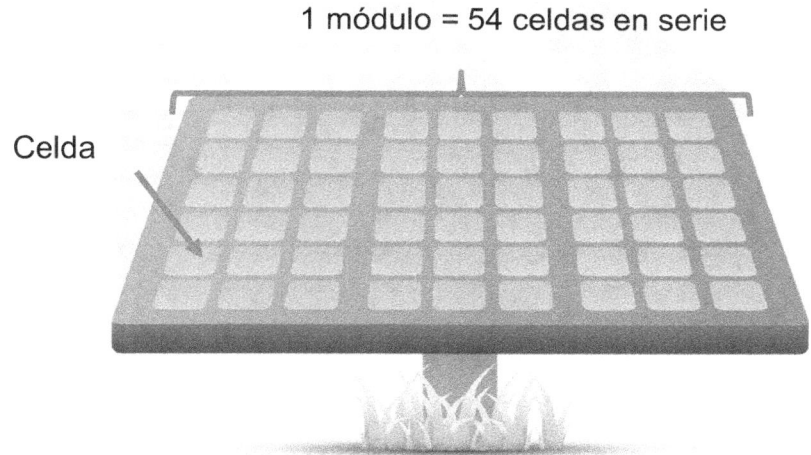

Figura 61 División de un módulo fotovoltaico

Por lo general, 48, 54, 60 o 72 de estas celdas se conectan en serie, de modo que un panel solar tiene una tensión de salida del orden de 30 V.

Las celdas solares generan una **tensión continua** en el proceso.

Sin embargo, la situación es diferente cuando generamos electricidad con **generadores eléctricos.**. Un generador convierte un movimiento giratorio en una tensión eléctrica.

Introducción a la teoría de la corriente alterna

12.2 Generación de energía mediante generadores

Un generador en miniatura que casi todo el mundo conoce es la dinamo clásica de la bicicleta. Esto genera electricidad a partir de la rotación del neumático de la bicicleta, que se utiliza para alimentar la luz. Pero, ¿cuál es el fondo físico? ¿Cómo se puede convertir un movimiento en electricidad?

Todo lo que necesitamos es un imán con un campo magnético permanente. Para ello se puede utilizar un imán permanente o una bobina portadora de corriente. Porque, como sabemos, un conductor de corriente también genera un campo magnético.

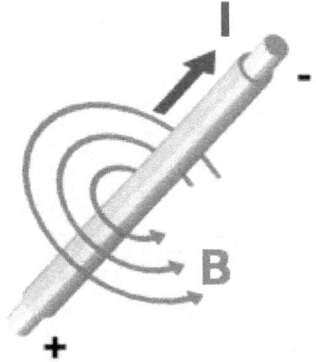

Figura 62 Campo magnético de un conductor de corriente

Para simplificar la derivación, volvemos a utilizar un imán permanente. Lo montamos sobre un eje para poder girarlo.

Junto a este imán colocamos una bobina. Cuando empezamos a girar el imán sobre su eje, el campo magnético que pasa por la bobina cambia.

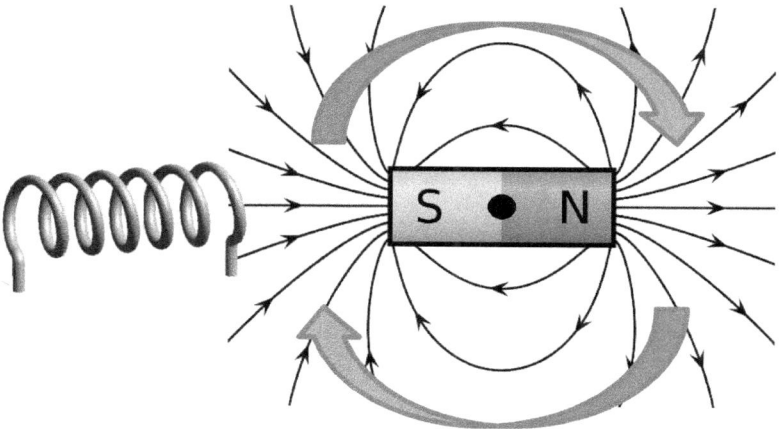

Figura 63 Un imán permanente gira junto a una bobina de aire

Recordemos además que un campo magnético cambiante siempre conlleva una tensión por inducción.

$$U_{ind} = -\frac{d(B \cdot A)}{dt}$$

Esto significa que cuando un imán gira junto a la bobina, se induce una tensión eléctrica en la bobina. Se puede medir una tensión entre los extremos de la bobina.

Sin embargo, esta tensión no es uniforme, sino que depende de la posición del imán. Esto se debe a que el campo magnético del imán permanente tampoco es homogéneo.

El cambio en el campo magnético es mayor cuando el imán está en posición perpendicular a la bobina. Análogamente, el cambio es menor (es decir, exactamente cero) cuando el imán está horizontal al eje de enrollamiento de la bobina. Además, ¡hay que tener en cuenta que el signo del campo magnético también cambia! Lo resumimos:

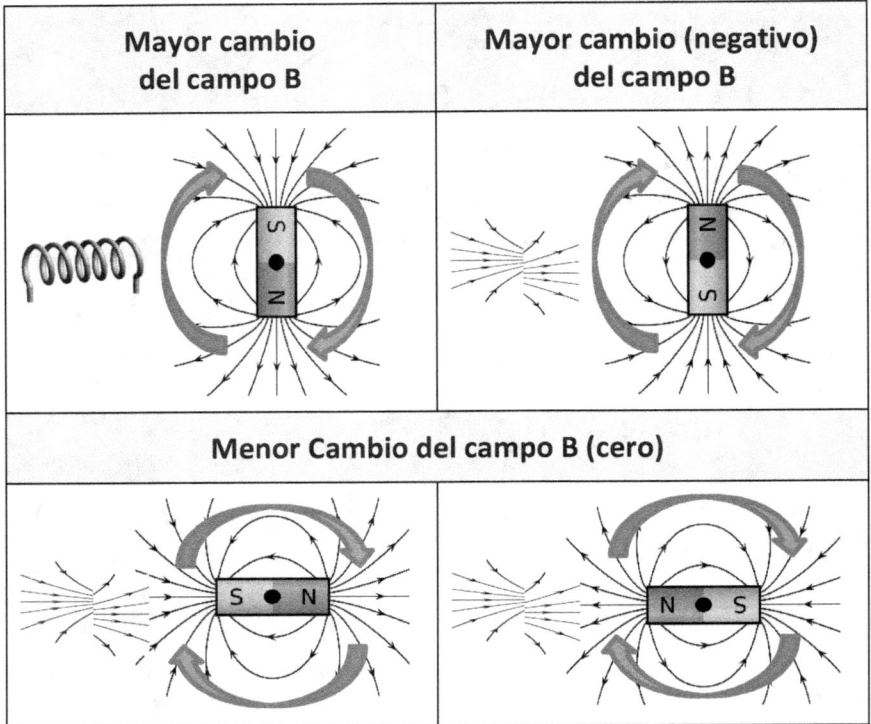

La tensión en los extremos de la bobina no es lineal, sino que representa el movimiento circular del imán giratorio. La imagen de este movimiento circular da lugar, por tanto, a una curva sinusoidal. La señal cambia después de cada media vuelta.

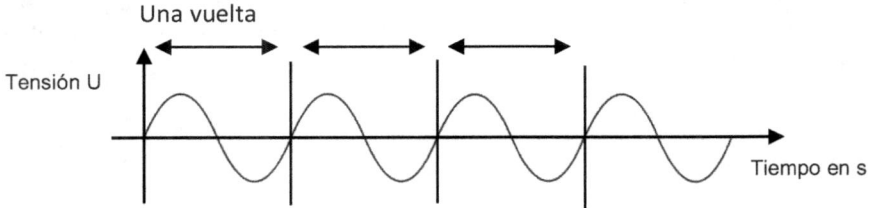

Esta tensión cambia de signo. Por ello, este tipo de tensión también se denomina tensión alterna. Se abrevia con el término inglés alternate current, AC para abreviar.

Antes de examinar los ámbitos exactos de aplicación y las conclusiones, debemos introducir algunos términos uniformes.

El valor máximo de tensión medido, tanto en el pico positivo como en el negativo, se denomina **valor de pico, tensión máxima** o la **amplitud** y se marca con un circunflejo (^).

 Una revolución completa se llama período y el tiempo necesario para ello se denomina periodo.. Se abrevia con una *T* e indica el tiempo que tarda el imán en volver a su posición inicial. La unidad del periodo es el segundo.

Para una "oscilación normalizada del seno o del coseno" el período es $T = 2\pi$ (ver capítulo Seno, Coseno, Tangente).

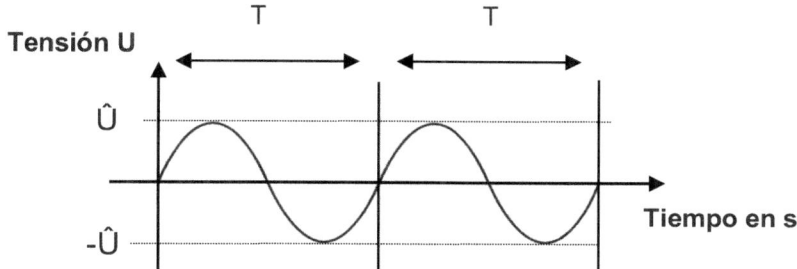

El recíproco de la duración del periodo es la frecuencia f. Esto indica cuántos períodos ocurren dentro de un segundo.

 La unidad de frecuencia lleva el nombre del físico alemán Heinrich Hertz. $[f] = Hz$.

Dado que la frecuencia indica que tantas oscilaciones se producen por segundo, la frecuencia no es más que el recíproco del periodo y viceversa.

$f = \frac{1}{T}; T = \frac{1}{f}.$

La unidad Hz es, por tanto, igual a $\frac{1}{s}$. Como alternativa a la frecuencia f, la **frecuencia angular** ω se utiliza a menudo como alternativa a la frecuencia f. La frecuencia angular se refiere a una oscilación coseno "normalizada" de 360° o 2π escrito en radianes.

$\omega = 2\pi f$

2π es un valor numérico de ~6,28, por lo que la unidad de la frecuencia angular es también $\frac{1}{s}$.

 Un Hertz corresponde a $\frac{1}{s}$ pero la unidad Hertz, *Hz, se reserva* exclusivamente para la frecuencia f. Por tanto, la frecuencia angular viene dada en $\frac{1}{s}$ nunca en Hertz, *Hz*.

Introducción a la teoría de la corriente alterna

Si el imán gira una vez 360° en un segundo, esto corresponde a una frecuencia de $f = 1 \, Hz$. La frecuencia angular será $\omega = 2\pi f = 6{,}28 \, \frac{1}{s}$.

 Un imán da tres vueltas en un segundo. ¿Cuál es la frecuencia, la frecuencia angular y el periodo de la onda sinusoidal resultante?

Solución:

$$f = \frac{3 \, Revoluciones}{1 \, s} = 3\frac{1}{s} = 3 \, Hz$$

$$\omega = 2 \cdot \pi \cdot f = 2 \cdot \pi \cdot 3 \, Hz = 18{,}85 \, \frac{1}{s} \, (no \, Hz!)$$

$$T = \frac{1}{f} = \frac{1}{3\frac{1}{s}} = 0{,}33 \, s$$

 La red eléctrica funciona a una frecuencia de 50 Hz. ¿Cuál es la duración del periodo de la red?

Solución: $T = \frac{1}{f} = \frac{1}{50\frac{1}{s}} = 0{,}02 \, s = 20 \, ms$

Una vez que hemos aprendido las magnitudes más importantes dentro de una oscilación sinusoidal, representamos la oscilación como una fórmula concreta. Obtenemos la tensión momentánea inducida entre los extremos de la bobina en función de la posición del imán o del tiempo.

$$u(t) = \hat{U} \cdot \sin(2\pi \cdot f \cdot t)$$

El valor máximo de la tensión sinusoidal corresponde a la tensión inducida máxima. Esto se debe a la fuerza del imán, al número de bobinas y a otros factores.

En este punto nos ahorramos el largo cálculo del valor del pico. Es importante entender que podemos generar una tensión alterna con la ayuda de un movimiento de rotación de un imán y una bobina. La salida es una tensión sinusoidal.

Sin embargo, todavía hay algunas características especiales que trae consigo la tensión alterna. Para ello, tenemos en cuenta cuál es la **tensión media de** la tensión alterna. La tensión media corresponde a la *media temporal* que a menudo se abrevia como $\overline{U}$

Como la tensión no es constante, el valor medio cambia con el tiempo. Por lo tanto, observamos el curso a lo largo de todo un periodo.

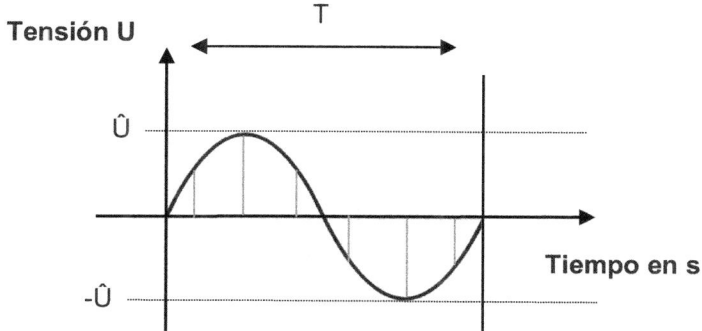

Vemos que la curva sinusoidal tiene un valor medio de tensión de cero. Esto se debe a que cada parte de tensión por encima del eje X es neutralizada por una tensión por debajo del eje X.

$\overline{U} = 0$

¿Significa esto que no podemos utilizar la tensión alterna para producir nuestra luz, por ejemplo? A fin de cuentas, la tensión media es cero.

Aunque la tensión media es cero, el factor decisivo para el funcionamiento de los aparatos eléctricos es la energía o potencia que se transmite.

La potencia está formada por el producto de la corriente y la tensión. Esto significa que, incluso con una tensión media de 0 V, se puede transmitir energía.

Para ilustrar esto, tomemos nuestro generador sencillo y conectemos una resistencia a él.

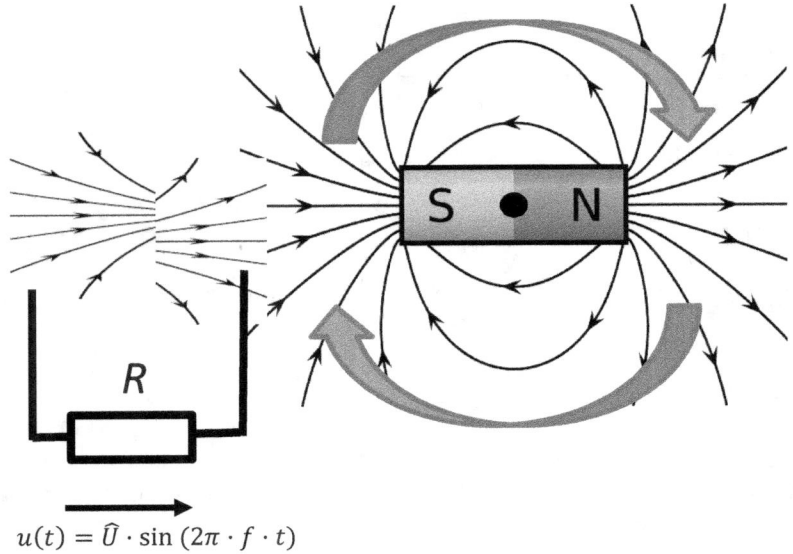

$$u(t) = \hat{U} \cdot \sin(2\pi \cdot f \cdot t)$$

Figura 654 Un imán permanente gira junto a una bobina de aire a la que se conecta una carga resistiva

La potencia en la resistencia resulta ser

$$P = \frac{u(t)^2}{R} = \frac{\left(\hat{U} \cdot \sin(2\pi \cdot f \cdot t)\right)^2}{R}$$

Vemos que la potencia muestra la forma de una onda de seno al cuadrado. Esta tiene un valor medio superior a cero.

En lugar de complicar los cálculos con el valor medio y la potencia, utilizamos un truco. Utilizamos un valor de tensión que convierte la misma potencia media en una carga resistiva, es decir, en una simple resistencia. Este valor medio también se llama **valor medio cuadrático** o **valor efectivo de la tensión sinusoidal**.

El **valor efectivo** también se llama **valor RMS.** (valor Raíz-Media-Cuadrada). El valor eficaz no se limita a las funciones sinusoidales. Puede utilizarse para comparar cualquier tipo de función.

Esto significa tomar la función por el intervalo de tiempo de un periodo completo, elevada al cuadrado y luego se toma la raíz de la media temporal.

$$U_{Eff} = \sqrt{\frac{1}{T} \int_0^T u(t)^2 \, dt}$$

Podemos introducir nuestra onda sinusoidal en la fórmula y luego simplificarla numéricamente. Tras varias transformaciones y el uso de correlaciones trigonométricas, resulta una solución muy sencilla:

Para una oscilación sinusoidal, el valor efectivo viene dado por

$$U_{Eff} = \frac{1}{\sqrt{2}} \cdot \hat{U} \approx 0{,}707 \cdot \hat{U}$$

Esto significa que una tensión alterna sinusoidal con la función

$$u(t) = 100 \text{ V} \cdot \sin(2\pi \cdot f \cdot t)$$

convierte la misma potencia en el tiempo que una tensión continua con un valor de

$$U = \frac{1}{\sqrt{2}} \cdot \hat{U} \approx 0{,}707 \cdot \hat{U} = 70{,}7 \text{ V}$$

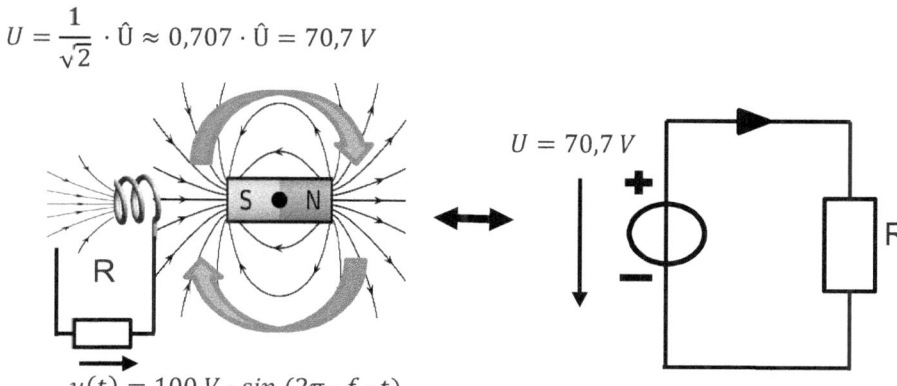

Figura 65 Conversión de la fuente de tensión de CA en una fuente de tensión de CC

Sin profundizar en la derivación y el cálculo integral asociado, la siguiente tabla muestra qué valores eficaces revelan las diferentes curvas de tensión.

Valores eficaces de las señales de tensión periódicas

Curva de tensión	Valor medio	Valor RMS U_{Ef}
Seno: $u(t) = \widehat{U} \cdot \sin(2\pi \cdot f \cdot t)$	$\overline{U} = 0$	$U_{Eff} = \dfrac{1}{\sqrt{2}} \cdot \widehat{U}$
Coseno: $u(t) = \widehat{U} \cdot \cos(2\pi \cdot f \cdot t)$	$\overline{U} = 0$	$U_{Eff} = \dfrac{1}{\sqrt{2}} \cdot \widehat{U}$
Tensión continua: $u(t) = \widehat{U}$	$\overline{U} = \widehat{U}$	$U_{Eff} = \widehat{U}$

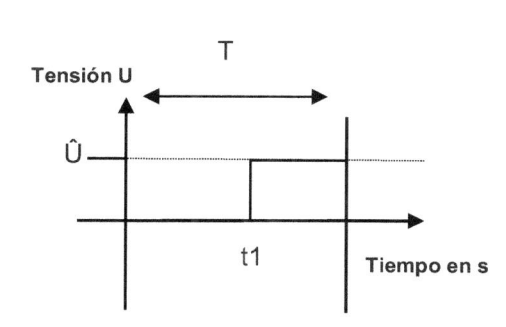 Voltage DC de ancho modulado (PWM): $$u(t) = \begin{cases} 0 \text{ pour } t<t_1 \\ \hat{U} \text{ pour } t \geq t_1 \\ 0 \text{ pour } t > T \end{cases}$$	$\overline{U} = \dfrac{t}{T} \cdot \hat{U}$	$U_{Ef} = \hat{U} \cdot \sqrt{\dfrac{t}{T}}$
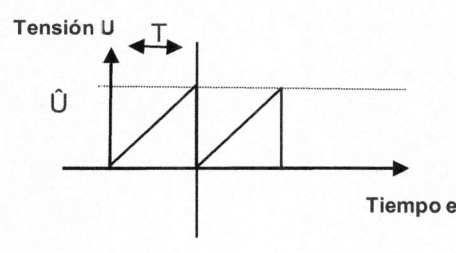 Diente de sierra: $u(t) = \dfrac{t}{T} \cdot \hat{U}\ para\ 0\ a\ T$	$\overline{U} = \dfrac{1}{2} \cdot \hat{U}$	$U_{Eff} = \dfrac{1}{\sqrt{3}} \cdot \hat{U}$

Para familiarizarnos con los valores rms, veamos algunos ejercicios sobre ellos:

 Un generador produce una tensión sinusoidal uniforme con un valor de pico de $\hat{U} = 400\ V$. ¿Cuál es el valor eficaz de la tensión?

Solución:
$$U_{Ef} = \dfrac{1}{\sqrt{2}} \cdot \hat{U} = \dfrac{1}{\sqrt{2}} \cdot 400\ \text{V} = 283\ V$$

 Nuestra red eléctrica suministra una curva de tensión sinusoidal con un valor efectivo de $U_{Ef} = 230\ V$. ¿Cuánta tensión se puede medir en el pico? ¿Cuánta potencia se convierte en una resistencia de 1 kΩ cuando la conectamos a la red eléctrica?

Solución:

$$U_{Ef} = \frac{1}{\sqrt{2}} \cdot \hat{U}$$

$$\hat{U} = \sqrt{2} \cdot U_{Ef} = \sqrt{2} \cdot 230\,V = 325\,V$$

$$\frac{U^2}{R} = \frac{U_{Ef}^{\,2}}{R} = \frac{(230\,V)^2}{1000\,\Omega} = 52{,}9\,W$$

¿Cuál es el valor de pico de una tensión en forma de diente de sierra que tiene el mismo valor efectivo de $U_{Ef} = 230\,V$? ¿Cuánta potencia se convierte en el mismo consumidor de 1 kΩ?

$$U_{Ef} = \frac{1}{\sqrt{3}} \cdot \hat{U}$$

$$\hat{U} = \sqrt{3} \cdot U_{Ef} = \sqrt{3} \cdot 230\,V = 398\,V$$

La misma potencia (52,9 W) se convierte en la resistencia, ya que el valor efectivo es el mismo para ambas curvas de tensión.

Hasta ahora hemos visto que un generador, en su esencia, no consiste más que en una bobina que induce una tensión a través de un campo magnético cambiante. Esta tensión inducida sigue un curso sinusoidal. La tensión no tiene un valor medio, pero podemos transmitir la potencia. Para poder calcular la potencia, utilizamos el valor efectivo.

En los generadores reales, varios pares de bobinas están dispuestos en un círculo. Para que el flujo magnético se distribuya más uniformemente, las bobinas se enrollan en núcleos de ferrita.

La construcción rígida se llama estator.

En este estator se inserta un rotor con imanes en el exterior. Cuando el rotor gira, genera una tensión inducida en las bobinas conectadas a él. Hay diferentes diseños de generadores, por ejemplo, las bobinas están integradas en el rotor y giran con él, mientras que los imanes permanentes están fijos en el estator.

Hay otras formas de construir generadores, por ejemplo, utilizando pares de bobinas adicionales en lugar de imanes permanentes, que a su vez se energizan por sí mismas. Estas bobinas se denominan bobinas de excitación. La ventaja de esto es que la fuerza de la corriente dentro de las bobinas del excitador puede ajustarse para determinar la potencia que debe producir el generador. También ahorra los imanes permanentes, que son los componentes más caros de un generador. La desventaja de un generador con excitación separada es que las propias bobinas de excitación producen pérdidas y puede necesitar una electrónica de control. Antes de hablar de los efectos de la corriente alterna en los distintos componentes, veamos un ejemplo práctico: cómo está construida nuestra red eléctrica.

12.3 Estructura de la red eléctrica

Ya se ha mencionado que la red eléctrica en Francia y Europa Central tiene un valor efectivo de 230 V y una frecuencia de 50 Hz. Esto también es completamente correcto. Si medimos la tensión entre los polos de un enchufe, obtenemos una tensión sinusoidal con un valor efectivo de 230 V y una frecuencia de 50 Hz. Dentro de un hogar, esto es perfectamente adecuado. Dependiendo de la sección del cable, puede proporcionar una potencia de hasta 3,7 kW.

Sin embargo, para el suministro de ciudades o municipios enteros, es muy incómodo trabajar con una tensión sinusoidal con un valor eficaz de 230 V. Para potencias altas, se necesitarían cables muy gruesos.

Por lo tanto, se utilizan principalmente dos trucos. El primero es sencillo. El grosor de un cable depende principalmente de la corriente que circula por él, no de la tensión. Para poder transportar la misma potencia con una sección de cable más pequeña, se puede aumentar la tensión.

Ejemplo basado en una sección de cable de 1,5 mm²	
Capacidad de carga máxima del cable: 15 A	
Valor RMS de la tensión	**Potencia máxima transmisible**
$U_{Ef} = 230\ V$	$P_{Max} = 230\ V \cdot 15\ A = 3,4\ kW$
$U_{Ef} = 400\ V$	$P_{Max} = 400\ V \cdot 15\ A = 6\ kW$
$U_{Ef} = 1\ kV$	$P_{Max} = 1\ kV \cdot 15\ A = 15\ kW$

Basándonos en esta simple consideración, podemos ver que tiene sentido aumentar la tensión, especialmente para la transmisión a largas distancias. Esto reduce la corriente necesaria y las secciones de los cables para la transmisión de la misma potencia.

Por eso la red eléctrica alemana está dividida en diferentes niveles de tensión.

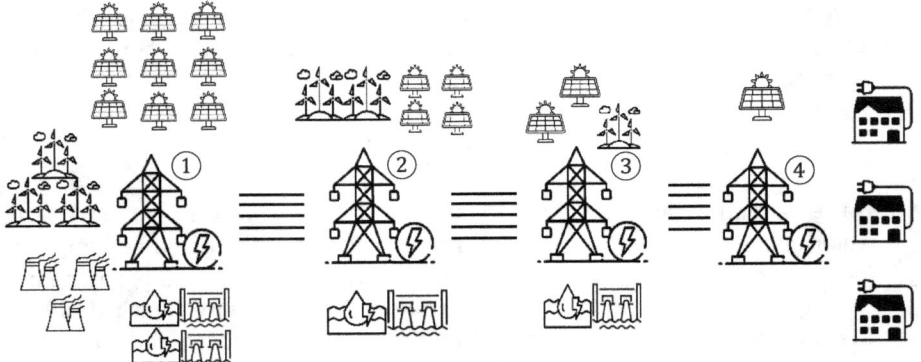

Figura 66 Estructura de la red eléctrica europea en diferentes niveles de tensión

	Nivel de tensión	Uso	Valor RMS
①	Nivel de tensión extra alto	Directamente de grandes generadores, por ejemplo, centrales eléctricas de carbón, parques eólicos, centrales hidroeléctricas	220 kV / 380 kV
②	Alta tensión	Plantas de tamaño medio, como grandes parques solares, centrales de bombeo medianas, etc.	60 kV - 110 kV
③	Media tensión	Generadores de energía más pequeños, parques eólicos individuales, parques solares más pequeños, centrales eléctricas de gas	6 kV - 30 kV

④	Baja tensión	Pequeños generadores como un sistema fotovoltaico en el tejado	230 V / 400 V

Al dividir el cable entre diferentes niveles de tensión, es posible transportar la energía eléctrica a lo largo de varios cientos de kilómetros.

Y esa es también la razón por la que utilizamos una red de corriente alterna. Se necesitan altos voltajes para transmitir a largas distancias. Las tensiones de CA son mucho más fáciles de transformar en tensiones altas que las de CC. En pocas palabras, todo lo que necesitamos para un transformador que transforme una tensión alterna baja a una tensión alterna más alta son dos bobinas con diferentes devanados.

Además, los generadores, tal y como se siguen utilizando para la mayor parte de la generación de electricidad hoy en día, producen una tensión alterna. Esto puede transformarse mediante transformadores y luego transmitirse a largas distancias. Esto ahorra pérdidas durante el aumento de tensión en comparación con una red de corriente continua.

Otra medida que aporta aún más ventajas que la simple minimización de pérdidas es que no se transmite sólo una oscilación sinusoidal, sino tres. Sin embargo, no son idénticos, sino que están **desfasados.** Veamos con más detalle los términos y sus efectos:

 La fase, el desfase, la diferencia de fase o la posición de fase de una onda sinusoidal se abrevia con la letra griega Phi ϕ. Indica el desplazamiento temporal de la onda en relación con otra onda.

Aquí 360° o 2π corresponde a un periodo completo. 90 °, por ejemplo, corresponde a un cuarto de período. Un desplazamiento hacia la izquierda corresponde a un desplazamiento de fase negativo, un desplazamiento hacia la derecha a un desplazamiento de fase positivo.

$u(t) = \hat{U} \cdot \sin(2\pi \cdot f \cdot t)$ (negro)

$u(t) = \hat{U} \cdot \sin(2\pi \cdot f \cdot t - \mathbf{90}\,°)$ (gris/azul)

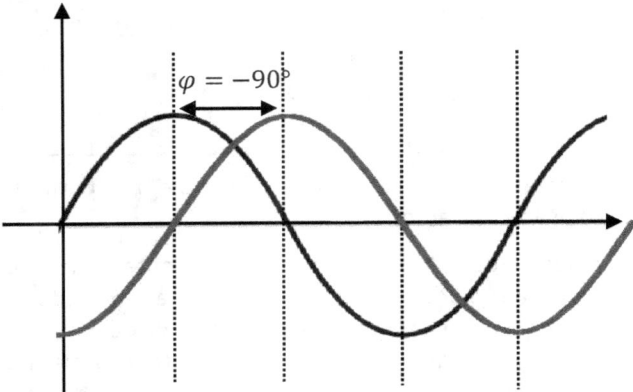

Figura 66 Desplazamiento de fase en -90

En la red eléctrica también se utilizan tres oscilaciones, denominadas fases. Las fases se denominan **L1, L2** y **L3 y** están desplazadas uniformemente. La primera fase L1 no tiene desplazamiento de fase. $\varphi = 0°$, L2 tiene un desplazamiento de fase de $\varphi = 120°$ y la fase L3 tiene un desplazamiento de fase de $\varphi = 240°$. Esto significa que las 3 fases se desplazan uniformemente entre sí. Estos tienen un **punto cero** común como **punto de referencia N** (conductor neutro).

Cada fase tiene individualmente una tensión **U1, U2** y **U3**. En la conexión de la casa, que está asignada a la red de baja tensión, las fases tienen un valor efectivo de los ya conocidos 230 V en comparación con el conductor neutro.

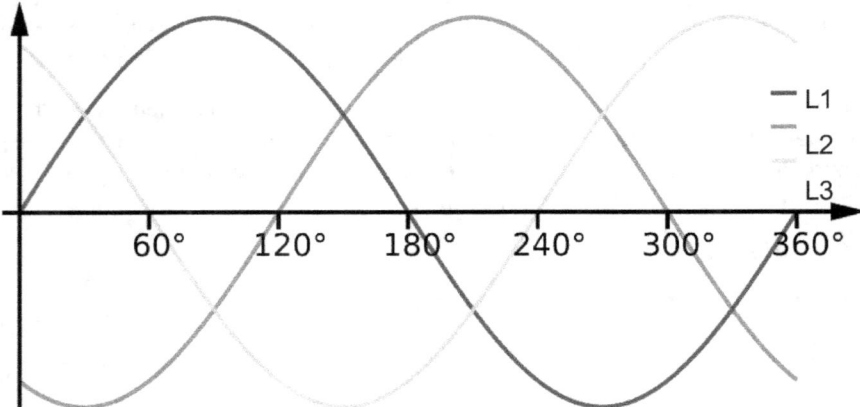

Figura 67 Corriente alterna trifásica

Además de las tres fases y el conductor neutro, a menudo se utiliza un **conductor de protección PE. Este** se conecta directamente al potencial de tierra y sirve de protección contra el contacto, como ya sabemos de la tecnología de corriente continua.

La corriente alterna de tres fases también se denomina **corriente trifásica,** o a veces como **corriente pesada** de alimentación. El color del revestimiento está normalizado para las fases y los conductores de neutro y tierra. Esto permite al electricista saber, por el color del cable, qué función tiene el cable y si potencialmente hay tensión. La normalización es la siguiente:

Designación	Función	Color
L1	Fase 1 $\varphi = 0°$	Marrón
L2	Fase 2 $\varphi = 120°$	Negro
L3	Fase 3 $\varphi = 240°$	Gris
N	Conductor neutro	Azul
PE	Protección/conductor de tierra	Verde-amarillo

DIN VDE 0293-308 (VDE 0293 Parte 308):2003-01 y HD 308 S2

Esta normalización se aplica tanto en Francia como en toda la Unión Europea.

Por lo tanto, un cable trifásico de cinco núcleos, como los que se encuentran en la electrónica doméstica, contiene exactamente cinco núcleos.

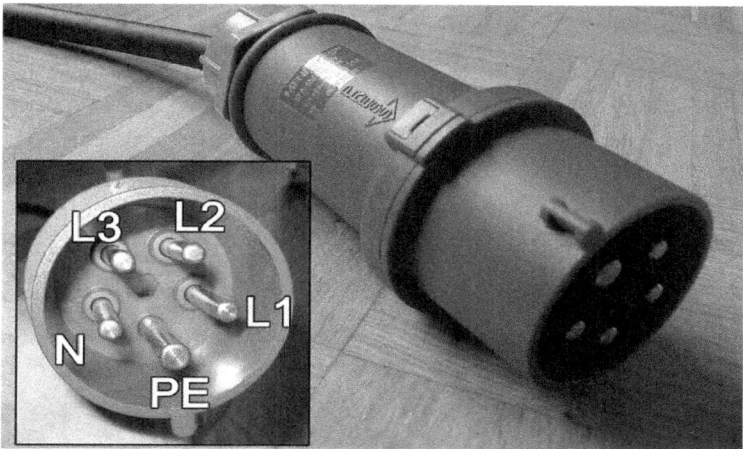

Figura 68 Enchufe con cinco conexiones

Introducción a la teoría de la corriente alterna

El proveedor de electricidad suministra las tres fases y las conecta en la caja de distribución de la casa. A partir de ahí, las fases se separan y cada una de ellas se dirige individualmente a las habitaciones requeridas.

Por eso, la toma Schuko ordinaria sólo tiene tres conexiones. Dos clavijas que llevan una fase (L) y un neutro (N), así como dos contactos de protección (PE) en la parte superior e inferior del enchufe.

Figura 69 Asignación de pines de una toma de corriente Schuko

Los aparatos que requieren mucha potencia, por ejemplo, una placa de inducción o un horno, suelen utilizar las tres fases al mismo tiempo.

Ahora sabemos que la corriente alterna trifásica se utiliza en la red eléctrica europea. Pero, ¿por qué utilizar sólo tres y no cuatro, cinco o diez fases?

Esta cuestión se resuelve cuando observamos algunas relaciones que surgen de la corriente alterna trifásica.

Esta vez no estamos mirando la tensión entre una fase y el neutro, sino la tensión entre dos fases, por ejemplo, entre L1 y L2. Como ambas fases son de tensión alterna, la diferencia **depende del tiempo**:

$$u_{L_1}(t) = \hat{U} \cdot \sin(2\pi \cdot f \cdot t)$$

$$u_{L_2}(t) = \hat{U} \cdot \sin(2\pi \cdot f \cdot t - \mathbf{120}\,°)$$

$$u_{L_1 L_2}(t) = \hat{U} \cdot \sin(2\pi \cdot f \cdot t - \mathbf{120}\,°) - \hat{U} \cdot \sin(2\pi \cdot f \cdot t)$$

La tensión diferencial depende del tiempo. En ciertos momentos la tensión diferencial es exactamente cero, en otros momentos es máxima. También podemos verlo en las curvas de tensión. Las flechas representan la tensión diferencial.

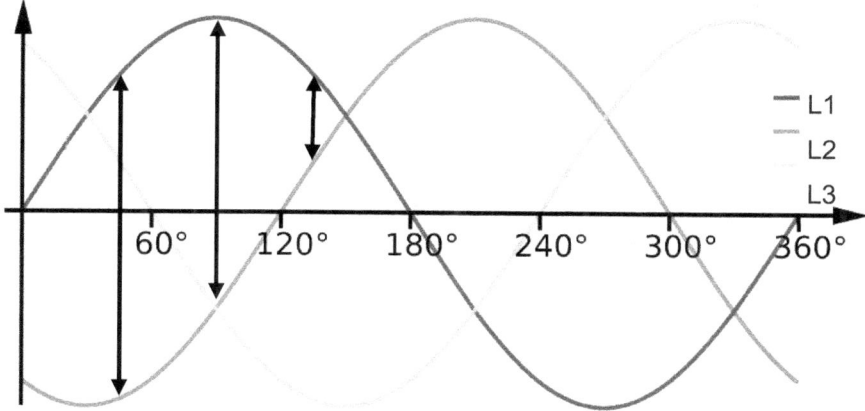

Figura 70 Representación de la tensión diferencial entre dos fases

Pero, ¿cómo podemos calcular entonces con la tensión diferencial dependiente del tiempo? $u_{L_1L_2}(t)$

Ya hemos aprendido la solución a este problema. Como la tensión diferencial se repite periódicamente, utilizamos el valor eficaz de la tensión diferencial.

Se puede calcular numéricamente mediante la definición del valor efectivo. El resultado es sencillo. El resultado es un valor efectivo de:

$$U_{L_1L_2\_Ef} = \sqrt{3} \cdot U_{L1\_N\_Ef} = \sqrt{3} \cdot U_{L2\_N\_Ef}$$

El valor eficaz de la tensión entre conductores es mayor que el valor eficaz de los conductores individuales con respecto al conductor neutro por un factor de raíz 3.

Dado que los valores eficaces de las fases L1 y L2 son idénticos, no suelen distinguirse en la designación.

$$U_{L1\_N\_Ef} = U_{L2\_N\_Ef} = U_{Ef} = U$$

Además, en los sistemas trifásicos se habla, casi exclusivamente, de valores efectivos. Por ello, a menudo se omite el sufijo "Ef". Esto da lugar a las designaciones simplificadas:

$$U_{L_1L_2} = \sqrt{3} \cdot U$$

El factor $\sqrt{3}$ también se denomina **factor de concatenación**. Esta relación siempre se aplica cuando se utilizan tres fases idénticas desplazadas 120°.

Como principiante, ahora hay varios tamaños que estan relacionados. Como son bastante similares, es fácil confundirlos. Por ello, resumimos los tamaños más importantes:

U_{Ef} / U: Valor eficaz de una fase con respecto al conductor neutro.
Ejemplo de red de baja tensión: 230 V

$\hat{U}$ Valor máximo de la tensión sinusoidal de *una fase*. Esto es mayor que el valor rms por un factor de $\sqrt{2}$.
Ejemplo de red de baja tensión: 325 V

$U_{L_1L_2\_Ef}$ / $U_{L_1L_2}$ Valor RMS de la tensión entre dos fases. Esto es (en un sistema trifásico) mayor que el valor eficaz de una sola fase por un factor de $\sqrt{3}$ con respecto al conductor neutro.
Ejemplo de red de baja tensión: 400 V (Exactamente 398 V)

 Las tensiones de una red trifásica se denominan según el valor efectivo de la tensión entre conductores. Por ello, la red de baja tensión también se denomina *red trifásica de 400 V*.

Una vez distinguidos claramente los términos, veamos por qué se eligieron exactamente tres fases. La razón radica en la evolución temporal de la potencia del sistema. La potencia de una tensión sinusoidal simple varía a lo largo de un periodo. En el paso por cero de la tensión, por ejemplo, la potencia debido a $p(t) = u(t) \cdot i(t)$ también es cero.

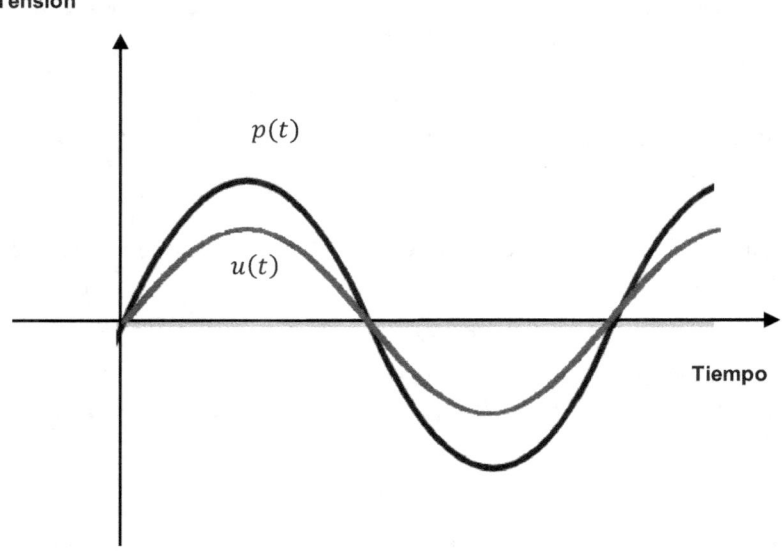

Figura 71 Curva de tensión y potencia de un sistema eifásico

Sin embargo, este no es el caso en un sistema trifásico.

En un sistema trifásico, la potencia se divide entre todas las fases. En consecuencia, la potencia que podemos extraer de la red trifásica es también constante en todo momento.

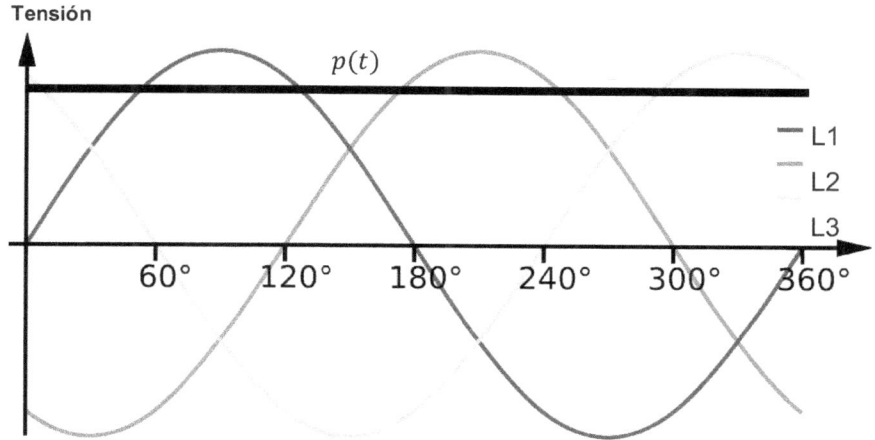

Figura 72 Curva de tensión y potencia de un sistema trifásico

 Esta relación física es posible *a partir de tres fases.* Teóricamente, también sería posible un sistema tetrafásico con cuatro ondas sinusoidales, cada una desplazada 90°. Sin embargo, el cobre adicional necesario para los cables sería desproporcionado con respecto al beneficio adicional.

Es necesario un suministro constante de energía durante todo un periodo de la tensión, especialmente para las máquinas eléctricas. Con la ayuda de una red trifásica, se puede generar un campo magnético uniforme para acelerar la máquina.

Una analogía es el motor de combustión interna. Este utiliza varios pistones para generar un torque bastante constante durante un "periodo de combustión de la gasolina".

Hasta ahora, nos hemos concentrado mucho en la macroelectrónica y en el diseño de sistemas de potencia.

Hemos visto que un generador genera una tensión alterna sinusoidal y que la red eléctrica alemana está dividida en tres fases. Pero, ¿qué propiedad y, sobre todo, qué efectos tiene esta tensión alterna sobre nuestros componentes ya conocidos, como el condensador o una bobina?

Introducción a la teoría de la corriente alterna

13 Componentes del circuito de corriente alterna

Hasta ahora hemos conocido los componentes y su comportamiento sujetos a una tensión constante. Por ello, también se habla del **comportamiento sujeto a corriente continua de** los componentes. También conocemos el símbolo en un circuito de una fuente de corriente continua. Análogamente, el símbolo del circuito de una fuente de corriente alterna contiene contiene una tilde o una onda sinusoidal.

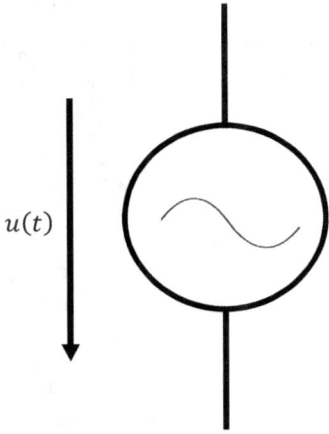

Figura 73 Símbolo de una fuente de corriente alterna

El símbolo se utiliza a menudo, pero no es una norma. Como alternativa, se puede utilizar el símbolo de una fuente de corriente continua y escribir la función.

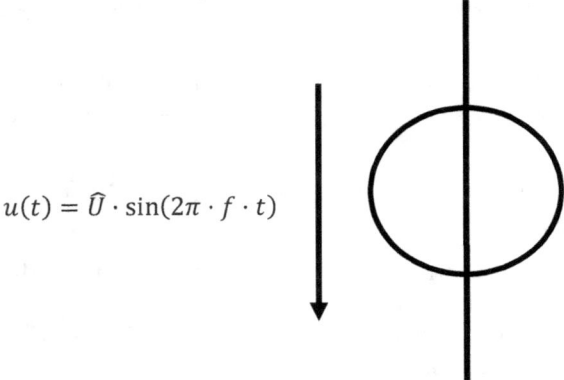

Figura 74 Símbolo alternativo en un circuito de una fuente de corriente alterna

Sin embargo, veremos que componentes como una bobina o un condensador se comportan de manera decisivamente diferente. Sin embargo, consideremos primero un componente que se comporta en gran medida igual. Estamos hablando de una resistencia óhmica.

13.1 La resistencia

Una resistencia en el circuito es un obstáculo para la corriente. Esto también se aplica al circuito de corriente alterna. El circuito más sencillo consiste en una fuente de tensión alterna y una resistencia simple.

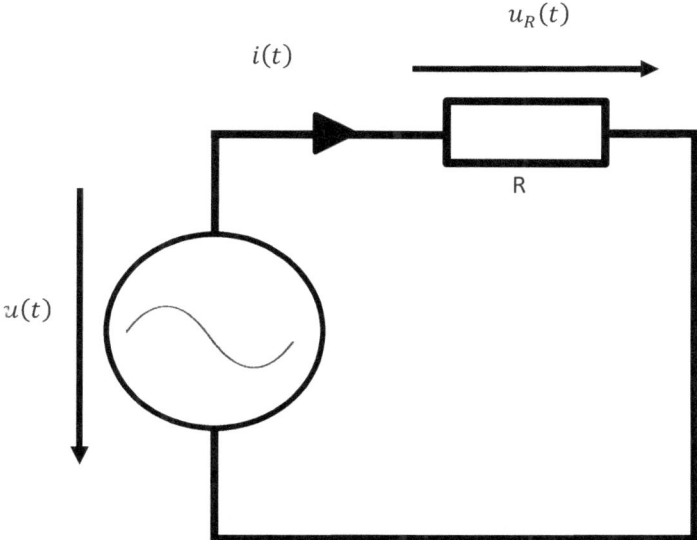

Figura 75 Esquema de una resistencia en un circuito de corriente alterna

Cuando se aplica una tensión alterna a una resistencia óhmica, la corriente fluye en cualquier momento con el valor.

$$I = \frac{U}{R}$$

Dado que la tensión alterna es una variable que cambia con el tiempo, la curva de la corriente sigue la curva de la tensión.

$$i(t) = \frac{\widehat{U}}{R} \cdot \sin(2\pi \cdot f \cdot t) = \hat{I} \cdot \sin(2\pi \cdot f \cdot t)$$

Por lo tanto, el desplazamiento de fase es igual a cero. $\varphi = 0$

Componentes del circuito de corriente

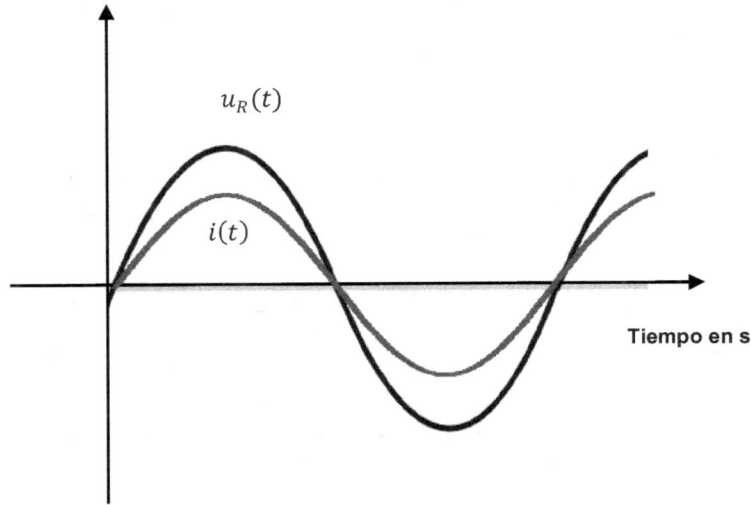

Figura 76 Curva de corriente y tensión en una resistencia en un circuito de corriente alterna

En la práctica, es imposible fabricar una resistencia perfecta. Por lo tanto, toda resistencia contiene propiedades mínimas de una bobina y un condensador.

Estas propiedades, en su mayoría indeseables, sólo se dan a frecuencias muy altas, dependiendo de la calidad de la resistencia.

Si se observa este comportamiento, también se habla de efectos parasitarios. Entenderemos lo que esto significa exactamente, después de ver el comportamiento del condensador y la bobina en el circuito de corriente alterna.

13.2 El condensador

El condensador tiene la capacidad de almacenar cargas eléctricas, pero sólo durante cortos períodos de tiempo.

Esto hace que los condensadores sean perfectos para soportar tensiones y corrientes fluctuantes. El condensador sirve como almacén intermedio cuando una fuente de tensión no puede proporcionar la corriente necesaria.

Dado que, en términos simplificados, el condensador consiste simplemente en dos placas opuestas, es una resistencia infinitamente grande dentro de un circuito de CC. Al fin y al cabo, los electrones no pueden "saltar" de un lado a otro.

Sin embargo, la situación es diferente si hacemos funcionar el condensador en un circuito de corriente alterna, por ejemplo, con una señal sinusoidal periódica.

La tensión alterna aumenta y disminuye en un intervalo constante. Las placas del condensador también se cargan y descargan en el proceso. El campo eléctrico entre las placas del condensador también aumenta, alcanza un pico y vuelve a disminuir.

 Esto permite que la tensión alterna se transfiera de una placa a la otra, **completamente sin tocarse.**

Una señal de corriente alterna puede transmitirse a través de un condensador y su campo eléctrico. No se produce ningún flujo de corriente real en el proceso. Por lo tanto, la corriente necesaria para crear el campo eléctrico también se denomina **corriente reactiva**.

El tamaño del condensador o su capacidad determina la rapidez con la que la tensión puede intercambiar la polaridad. En consecuencia, también determina que "tan bien" puede producirse la transferencia de tensión. Por eso también se habla del condensador como una **reactancia** en el circuito de corriente alterna. La energía que se transfiere también se llama energía reactiva. Pero, ¿qué aspecto tiene realmente la curva de tensión cuando aplicamos una tensión sinusoidal a un condensador? Para ello, volvemos a utilizar el circuito más sencillo, formado por una fuente de tensión alterna y un condensador.

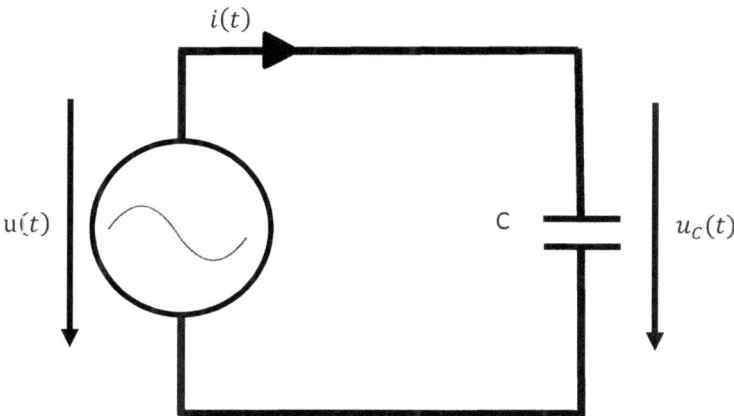

Figura 77 Esquema de un condensador en un circuito de corriente alterna

La curva de tensión sigue la de la fuente de tensión y es sinusoidal. Pero, ¿cuál es la corriente $i(t)$ que fluye por el circuito?

Para ello, volvemos a tener en cuenta cuándo puede circular la mayor cantidad de corriente. Este es el caso cuando hay el menor número posible de cargas en las placas y los potenciales en las placas son muy diferentes. En este momento, se puede mover un número máximo de electrones, y como sabemos, la corriente consiste en electrones en movimiento.

Si posteriormente la tensión se mantiene constante, el flujo de corriente disminuye y se va a cero. Hemos visto este comportamiento, por ejemplo, al cargar y descargar el condensador.

En un condensador, siempre entra o sale una corriente cuando cambia la tensión aplicada. Este es el caso permanente en un circuito de corriente alterna. La intensidad de la corriente depende de la **variación de la tensión**. Por ejemplo, la tensión en el pico apenas cambia. Allí, el flujo de corriente también es cero. En cambio, en los cruces de la tensión por cero, ésta cae rápidamente y cambia de signo. Allí, el flujo de corriente es máximo.

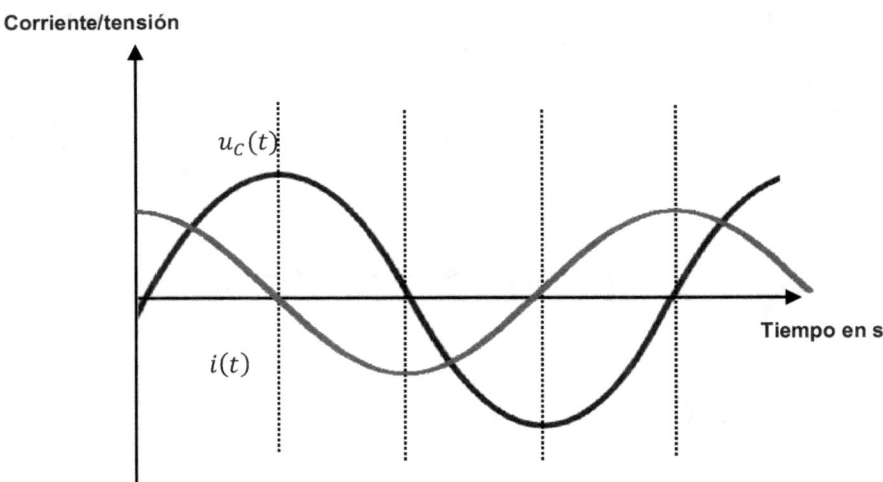

Figura 78 Curva de corriente y tensión en un condensador en un circuito de corriente alterna

Podemos ver los efectos de la reactancia capacitiva en las curvas de la señal.

El resultado es una curva de corriente que está desplazada hacia la **izquierda**, en el eje temporal, en un cuarto de período ($\varphi = -90°$ o $\varphi = -\frac{\pi}{2}$).

El desplazamiento de fase es siempre el mismo. Sin embargo, esta reactancia no es constante. Depende de dos cosas: por un lado, de la capacitancia del condensador. Cuanto mayor sea la capacitancia, más fácil será que los nuevos portadores de carga lleguen a las placas del condensador y más fácil será cargarlo o descargarlo. Una mayor capacitancia produce una menor reactancia.

En segundo lugar, la resistencia depende de la velocidad de cambio de la onda de tensión.

Una onda sinusoidal que cambia lentamente puede se transmite mucho peor que una que cambia rápidamente. Ya conocemos la unidad de qué tan rápido o qué tan seguido cambia la onda sinusoidal en un periodo. Es la frecuencia f.

Esto nos lleva a una reactancia dependiente de la frecuencia. Se abrevia con el símbolo X_C y se puede calcular como

$$X_C = -\frac{1}{\omega \cdot C} = -\frac{1}{2\pi f \cdot C}$$

El signo menos se debe a que el desplazamiento de la corriente en relación con la tensión es negativo. Para las consideraciones del valor efectivo, el signo menos suele ser insignificante. Por ello, a menudo se omite en aras de la simplicidad.

$$X_C = \frac{1}{\omega \cdot C} = \frac{1}{2\pi f \cdot C}$$

Al tratarse de una resistencia, la unidad de reactancia es también el ohmio Ω.

También es muy difícil determinar la corriente instantánea o la potencia efectiva en un condensador. Por lo tanto, utilizamos los valores efectivos de las tensiones sinusoidales. Estos están relacionados a través de la "ley de Ohm del circuito de corriente alterna".

$$U_{Ef} = X_C \cdot I_{Ef}$$

Podemos ver por qué nos hemos familiarizado con los valores eficaces de las tensiones. Esto nos permite utilizar fórmulas similares en el circuito de CA que en el de CC.

Una tensión sinusoidal con una frecuencia de $f = 100\,Hz$ está conectado a un capacitor con una capacitancia de 1 µF¿Cuál es la reactancia del condensador en este caso?

Solución:
$$X_C = \frac{1}{\omega \cdot C} = \frac{1}{2\pi \cdot 100\,Hz \cdot 1 \cdot 10^{-6} F} = 1591\,\Omega$$

Cuál es la reactancia de un condensador con una capacitancia de 47 µF cuando lo conectamos a la red de baja tensión ($U_{Ef} = 230\,V$, $f = 50\,Hz$)? ¿Cuál es el valor eficaz de la corriente que circula por el condensador?

$$X_C = \frac{1}{\omega \cdot C} = \frac{1}{2\pi \cdot 50\,Hz \cdot 47 \cdot 10^{-6}F} = 67{,}73\,\Omega$$

$$U_{Ef} = X_C \cdot I_{Ef}$$

$$I_{Ef} = \frac{U_{Eff}}{X_C} = \frac{230\,V}{67{,}73\,\Omega} = 3{,}4\,A$$

Aunque las fórmulas del circuito de corriente alterna son muy similares a las del circuito de corriente continua, debemos tener siempre presente que estamos calculando con valores efectivos y no con valores de pico.

 Un ejemplo es nuestra red eléctrica. Esto tiene un voltaje efectivo de $U_{Ef} = 230\,V$. Cuando un fabricante de fuentes de alimentación diseña un circuito para conectarlo a la red eléctrica, debe tener en cuenta que el valor de pico de la tensión es decisivo. **No le** basta con comprar un condensador con una resistencia dieléctrica máxima de, por ejemplo, 250 V. Esto se debe a que el valor de pico de la tensión sinusoidal es $U_{Ef} \cdot \sqrt{2}$ es decir, aproximadamente 325 V. Un condensador con una resistencia dieléctrica máxima de 250 V explotaría inmediatamente durante la puesta en marcha.

13.3 La bobina

En el circuito de corriente alterna, la bobina también tiene muchos paralelismos con el condensador.

Una bobina portadora de corriente tiene la capacidad de crear un campo magnético y así almacenar energía eléctrica. Por eso se utilizan bobinas en los transformadores, por ejemplo.

Otro aspecto es la autoinducción de la bobina. Esto evita el rápido aumento de una corriente dentro de la bobina, por ejemplo, durante el proceso de encendido y apagado de una bobina.

La autoinducción ralentiza el aumento de la corriente. Por lo tanto, la autoinducción crea una resistencia para la corriente: una reactancia.

En el caso de la bobina, esta se denomina reactancia inductiva.

En el condensador, la reactancia es causada por el campo eléctrico entre las placas, en la bobina por el campo magnético durante la autoinducción.

Cuando se aplica un voltaje, los electrones quieren fluir a través del cable de la bobina, pero son frenados por el campo magnético que se crea.

Con la corriente alterna, este efecto se intensifica, porque la corriente alterna acumula y disipa constantemente un campo magnético en la bobina. Cuando se crea el campo, la bobina absorbe y almacena energía. Cuando el campo magnético se reduce, la bobina vuelve a liberar la energía.

También en el caso de la bobina, observamos la curva de corriente cuando aplicamos una tensión sinusoidal a la bobina. Para ello, volvemos a utilizar el circuito más sencillo, formado por una fuente de tensión alterna y una bobina.

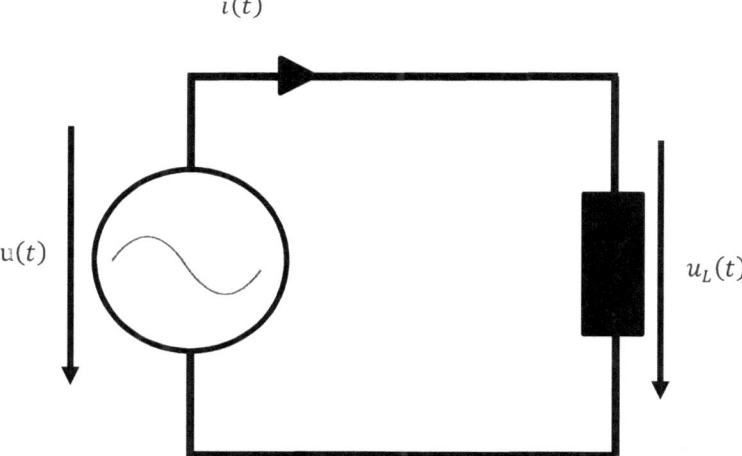

Figura 79 Esquema de una bobina en un circuito de corriente alterna

De forma análoga al procedimiento con el condensador, consideramos cuándo puede fluir la mayor cantidad de corriente. Como la formación del campo magnético requiere energía, la corriente en la bobina se retrasa en relación con la tensión.

La mayor cantidad de corriente puede fluir en la bobina cuando la tensión cambia fuertemente. Este es el caso de los cruces por el cero de la curva de tensión sinusoidal. En este caso, no se necesita más energía para crear el campo magnético. En este momento está al máximo.

En cambio, cuando la tensión alcanza un valor máximo, el cambio y la corriente son casi nulos.

Componentes del circuito de corriente

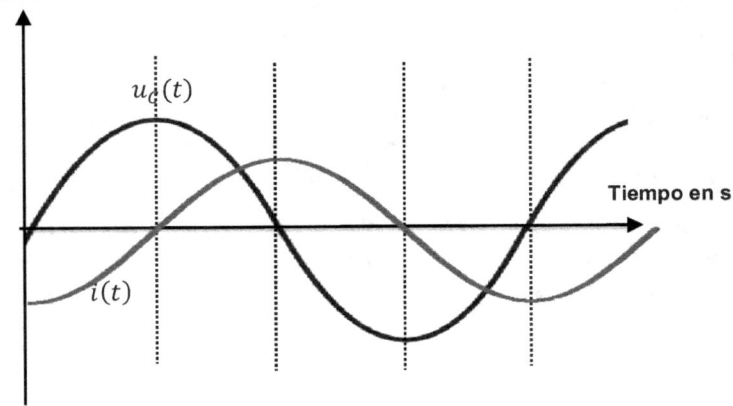

Figura 80 Curva de la corriente y la tensión en una bobina en un circuito de corriente alterna

En las curvas de la señal podemos ver los efectos de la reactancia inductiva.

El resultado es una curva de corriente que está desplazada hacia la **derecha, en el eje temporal,** un cuarto de período ($\varphi = 90°$ o $\varphi = \frac{\pi}{2}$).

 La mnemotecnia análoga aquí para la bobina es:

"Con la inductancia, la corriente llega demasiado **tarde**."

La reactancia inductiva tampoco es constante. Depende de dos cosas, por un lado, de la inductancia de la bobina. Cuanto mayor es la inductancia (propia) de la bobina, mayor es el campo magnético que se crea y más energía se necesita para crearlo. Una mayor inductancia produce una mayor reactancia.

En segundo lugar, la resistencia depende de la frecuencia de la tensión sinusoidal aplicada.

 Una onda sinusoidal que cambia rápidamente construye un campo magnético con mayor frecuencia y, por tanto, puede transmitirse mas pobremente que una onda sinusoidal de baja frecuencia.

Esto nos lleva a una reactancia dependiente de la frecuencia. Se abrevia con el símbolo X_L y se puede calcular como

$$X_L = \omega \cdot L = 2\pi f \cdot L$$

Todas las demás propiedades y fórmulas relativas a la reactancia son idénticas. Así, la unidad de reactancia inductiva es también el ohmio Ω. También podemos aplicar la "ley de Ohm de la teoría de la corriente alterna".

$U_{Ef} = X_L \cdot I_{Ef}$

Una tensión sinusoidal con una frecuencia de $f = 100\ kHz$ está conectado a una bobina con una inductancia de 1 µH. ¿Cuál es la reactancia de la bobina en este caso?

Solución:
$X_L = \omega \cdot L = 2\pi \cdot 1 \cdot 10^5 Hz \cdot 1 \cdot 10^{-6}\ H = 0{,}63\ \Omega$

Cuál es la reactancia de una bobina con una inductancia de 47 mH conectada a una red de baja tensión ($U_{Ef} = 230\ V$, $f = 50\ Hz$)? ¿Cuál es el valor eficaz de la corriente que circula por el condensador?

$X_L = \omega \cdot L = 2\pi \cdot 50\ Hz \cdot 470 \cdot 10^{-3}\ H = 14{,}8\ \Omega$

$U_{Ef} = X_C \cdot I_{Ef}$

$I_{Ef} = \dfrac{U_{Ef}}{X_L} = \dfrac{230\ V}{14{,}8\ \Omega} = 15{,}5\ A$

También aquí debemos tener siempre presente que estamos calculando con valores efectivos y no con valores máximos.

En el último ejemplo obtenemos una corriente efectiva $I_{Ef} = 15{,}5\ A$. Sin embargo, el valor máximo de la corriente sinusoidal es $I_{Ef} \cdot \sqrt{2}$ es decir, unos 22 A.

Por lo tanto, un fusible que puede soportar un máximo de 20 A en su pico se fundiría.

Sin embargo, lo más probable es que un fusible doméstico estándar de 16 A no se funda, ya que éstos están normalizados para el valor eficaz y no para el valor de pico.

En sentido estricto, los fusibles se activan por el calentamiento o la expansión diferente de un bimetal. Sin embargo, el calentamiento sólo depende de la potencia convertida, es decir, del valor efectivo.

Ahora que estamos familiarizados con la reactancia, veamos los diferentes tipos de potencia que resultan del desplazamiento de la corriente y la tensión.

13.4 Potencia activa, reactiva y aparente

Una cantidad que parece bastante oscura a primera vista es la **potencia reactiva Q.**

La potencia reactiva es el análogo de la potencia "normal" P en el circuito de CC. Para separar los tipos de potencia, la potencia P también se llama potencia activa.

Componentes del circuito de corriente

La potencia activa es la que actúa sobre los componentes, por ejemplo, calienta una resistencia. Su unidad es el vatio. Se produce cuando la corriente y la tensión **actúan simultáneamente**.

$$p(t) = u(t) \cdot i(t)$$

También en este caso necesitamos una ampliación para las cantidades de tensión alterna. La relación de la potencia activa resulta de los valores efectivos de la corriente y la tensión, así como del desfase relativo, y se calcula como sigue:

$$P = U_{Ef} \cdot I_{Ef} \cdot \cos \varphi$$

La potencia reactiva por otro lado, es la potencia que resulta del desfase entre la corriente y la tensión. Por tanto, la potencia reactiva no hace girar un motor, ni iluminar un LED, ni calentar una resistencia.

Este es un **desplazamiento de corriente** pura, por ejemplo, para cargar un condensador o una bobina.

La potencia reactiva se abrevia con la cantidad Q. Se ha elegido deliberadamente que la unidad no sea el vatio, para distinguirla de la potencia activa. En cambio, la unidad es voltio-amperio-reactiva, o **var** para abreviar.

La potencia reactiva puede calcularse utilizando los valores eficaces de la corriente y la tensión y el desplazamiento de fase relativo:

$$Q = U_{Ef} \cdot I_{Ef} \cdot \sin \varphi$$

Hay que tener en cuenta que el signo de la fórmula Q también se utiliza para la carga. Por lo tanto, el contexto en el que utilizamos el signo de la fórmula es importante.

Principalmente, la potencia reactiva es un efecto secundario que se produce al cargar y descargar condensadores y bobinas. Por ejemplo, los operadores de la red deben asegurarse siempre de que se compensa la potencia reactiva en la red eléctrica. De lo contrario, se producen subidas o bajadas de tensión. Esto puede ocurrir, por ejemplo, cuando se encienden grandes máquinas inductivas. En respuesta, los operadores de la red tienen que añadir enormes bobinas o condensadores para contrarrestarlo.

Figura 81 Bobina de compensación en la red eléctrica para la corrección del factor de potencia.

Fuente: https://www.dehn-international.com/en/node/1252

Como su nombre indica, sólo se produce potencia reactiva con una reactancia inductiva (bobina) o capacitiva (condensador). Con un desplazamiento de fase de la corriente y la tensión de exactamente 90°, **sólo se produce** potencia reactiva. Esto también lo confirman las fórmulas que hemos aprendido:

Lo siguiente se aplica a la bobina y al condensador:

$$P = U_{Ef} \cdot I_{Ef} \cdot \cos \varphi = U_{Ef} \cdot I_{Ef} \cdot \cos \pm 90° = U_{Ef} \cdot I_{Ef} \cdot 0 = \mathbf{0}$$

$$Q = U_{Ef} \cdot I_{Ef} \cdot \sin \varphi = U_{Ef} \cdot I_{Ef} \cdot \sin \pm 90° = U_{Ef} \cdot I_{Ef} \cdot \pm 1$$

$$= \pm U_{Eff} \cdot I_{Eff}$$

En cambio, para la resistencia óhmica ideal, que no contiene componentes de reactancia, se aplica lo siguiente:

$$P = U_{Ef} \cdot I_{Ef}$$

$$Q = 0$$

Otra magnitud de potencia que combina los dos tipos de potencia, activa y reactiva, es la potencia aparente S.

En un circuito de CA, la potencia aparente es el producto del valor efectivo de la tensión y la corriente. La unidad es en consecuencia **voltio-amperio VA**. En el circuito de corriente continua, el voltio-amperio es igual al vatio. En el circuito de CA, las unidades se utilizan deliberadamente de forma diferente.

$$S = U_{Ef} \cdot I_{Ef}$$

Componentes del circuito de corriente

Potencia aparente, potencia activa y la potencia reactiva están relacionados entre sí a través de un triángulo de potencia:

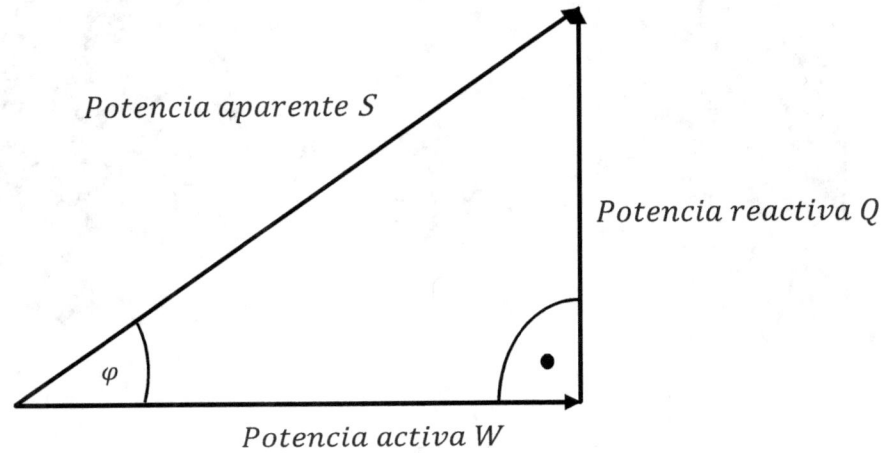

Figura 82 Triángulo de potencia en el circuito de CA

Ahora también entendemos las fórmulas y relaciones de los tres tipos de potencia. Se trata de aplicar el teorema de Pitágoras o el coseno y el seno

$$S^2 = W^2 + Q^2$$
$$\sin \varphi = \frac{Q}{S} \rightarrow Q = S \cdot \sin \varphi = U_{Ef} \cdot I_{Ef} \cdot \sin \varphi$$
$$\cos \varphi = \frac{W}{S} \rightarrow W = S \cdot \cos \varphi = U_{Ef} \cdot I_{Ef} \cdot \cos \varphi$$

En aplicaciones prácticas, como la red eléctrica europea ya mencionada, el objetivo es conseguir una alta proporción de potencia activa y una baja proporción de potencia reactiva. En consecuencia, $\cos \varphi$ debería estar cerca de uno. Por lo tanto, el factor $\cos \varphi$ también se describe como el **factor efectivo** porque indica la relación entre la potencia activa y la potencia reactiva. Indica la relación entre la potencia activa y la potencia aparente y suele indicarse en forma de porcentaje.

 Una cocina de inducción se alimenta de la red eléctrica pública. ($U_{Ef} = 230\ V, f = 50\ Hz$). Consume una potencia activa de $P = 4\ kW$ y una potencia reactiva inductiva de $Q = 3\ kVA$.

¿Cuál es la potencia aparente S?

¿Cuál es la corriente eficaz? I_{Ef} ?

¿Cuál es el factor efectivo?

¿En qué ángulo se desplazan la corriente y la tensión?

¿Cómo se puede aumentar el factor efectivo (compensar la potencia reactiva)?

Solución:

$$S^2 = W^2 + Q^2$$

$$S = \sqrt{W^2 + Q^2} = \sqrt{(4\ kW)^2 + (3\ kar)^2} = \mathbf{5\ kVA}$$

$$S = U_{Ef} \cdot I_{Ef} \rightarrow I_{Ef} = \frac{S}{U_{Ef}} = \frac{5\ kVA}{230\ V} = \mathbf{21{,}74\ A}$$

El factor efectivo está ahí: $\cos \varphi = \frac{W}{S} = \frac{4\ kW}{5\ kVA} = 0{,}8 = \mathbf{80\ \%}$

Ángulo de desplazamiento: $\cos \varphi = 0{,}8 \rightarrow arccos(0{,}8) = \mathbf{36{,}9°}$

(Poner la calculadora en Grado)*Para compensar la potencia reactiva inductiva, hay que añadir la potencia reactiva capacitiva. Por lo tanto, podría conectarse un condensador en paralelo a la cocina de inducción.*

13.5 El circuito electromagnético oscilante

Por último, veamos un circuito de uso común que nos permite utilizar cualquier tipo de transmisión inalámbrica.

El circuito es un **circuito resonante LC**. Algunos ya habrán adivinado que el circuito resonante LC es un circuito formado por una bobina (L) y un condensador (C).

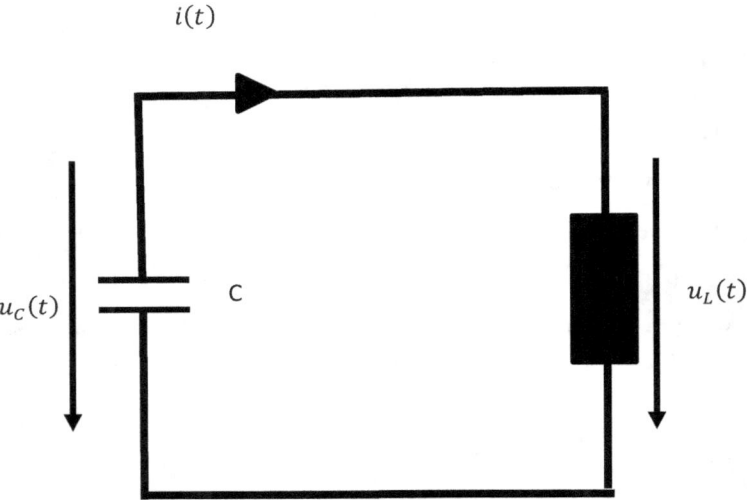

Figura 83 Esquema de un circuito electromagnético oscilante

Este circuito está formado exclusivamente por elementos pasivos, a saber, una bobina y un condensador. No tiene una fuente de tensión.

Para que el circuito comience a oscilar, es necesario suministrarle energía. Esto es posible, por ejemplo, aplicando un campo eléctrico o magnético desde el exterior durante un breve momento.

Para el ejemplo, suponemos los siguientes estados iniciales:

- El condensador está completamente cargado. Por lo tanto, el campo E es máximo y la tensión es máxima a través del condensador.
- La corriente en el circuito es cero. Por lo tanto, la bobina no ha creado un campo magnético y la tensión a través de la bobina es igual en magnitud a la tensión a través del condensador.

De forma análoga, también podríamos considerar qué ocurriría si la bobina se cargara primero. Asimismo, todas las etapas intermedias son completamente equivalentes. En este ejemplo, sin embargo, sólo el condensador está completamente cargado en el instante $t = 0$.

Después de suministrar energía al circuito, el condensador quiere descargarse. (ver 9.2 Descarga del condensador).

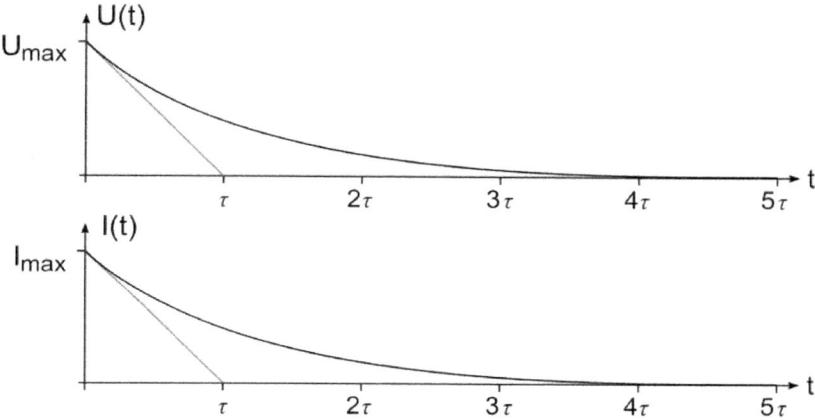

Figura 84 Curvas de descarga de un condensador

Recordamos que en este caso la corriente inicial es máxima y decae gradualmente. Sin embargo, esto no es posible en el presente circuito porque la bobina impide un aumento repentino de la corriente en el instante $t = 0\ s$. En cambio, la corriente sólo puede aumentar lentamente. Esto da lugar a unas curvas de corriente y voltaje, que se muestran en la siguiente figura.

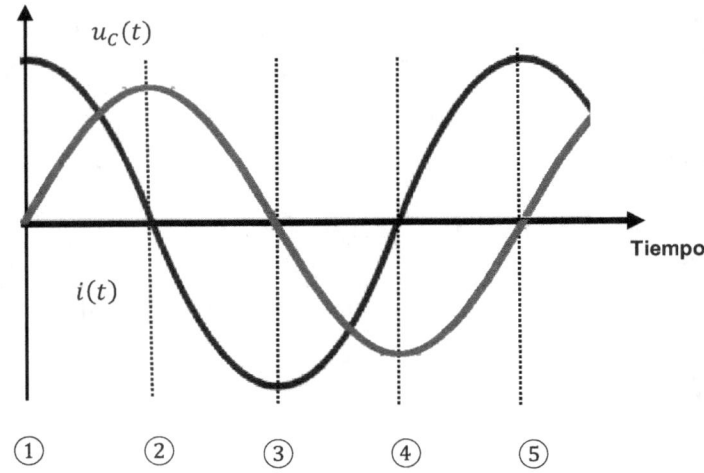

Figura 85 Curvas de corriente y tensión en un circuito electromagnético oscilante

① La energía almacenada en el campo eléctrico del condensador se disipa. Al mismo tiempo, la corriente y el campo magnético resultante alrededor de la bobina aumentan. La energía fluye del campo eléctrico al campo magnético.

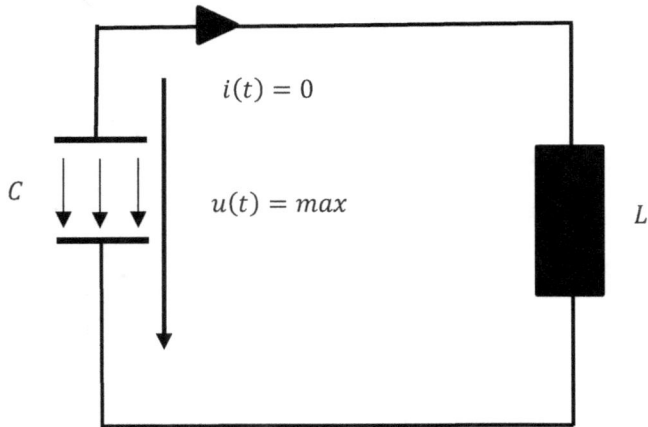

Figura 86 Estado inicial de la oscilación electromagnética

② Después de un tiempo, el condensador se descarga completamente. El flujo de corriente y el campo magnético son máximos.

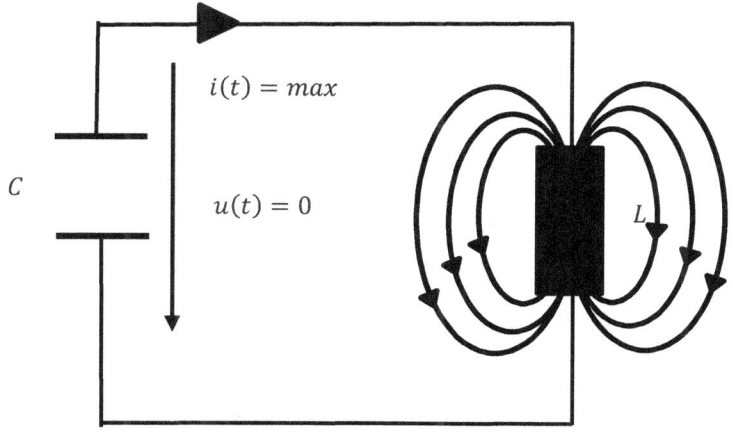

Figura 87 El campo magnético está completamente formado

Sin embargo, la inductancia de la bobina ahora impide también que la corriente se detenga bruscamente. Recordemos que la bobina, como una gran rueda de paletas, se encarga de que la corriente siga fluyendo. Como consecuencia, la corriente disminuye lentamente, cargando negativamente el condensador. Al mismo tiempo, el campo magnético alrededor de la bobina disminuye. La energía se utiliza para construir el campo eléctrico.

③ Después de que la corriente haya decaído por completo y la corriente del circuito se haya convertido en cero, todo el proceso comienza de nuevo. Esta vez la polaridad del condensador está invertida, por lo que la tensión es máxima negativa.

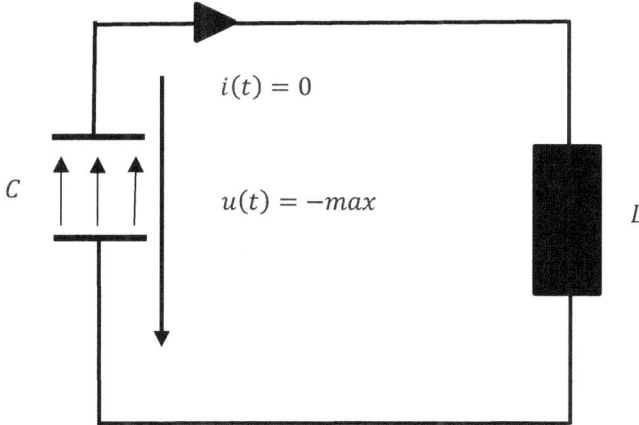

Figura 88 El condensador se carga con polaridad inversa

Componentes del circuito de corriente

A continuación, el condensador vuelve a descargarse, la corriente cambia de sentido y aumenta. El campo magnético también se forma de nuevo. Como la corriente fluye en la otra dirección, la corriente en nuestro sistema de flechas es negativa, al igual que el campo B resultante.

④ De forma análoga a la etapa ②, el condensador está completamente descargado. En consecuencia, la tensión es igual a cero. El flujo de corriente y el campo magnético son máximos. La corriente vuelve a cargar el condensador, mientras que el campo magnético se reduce.

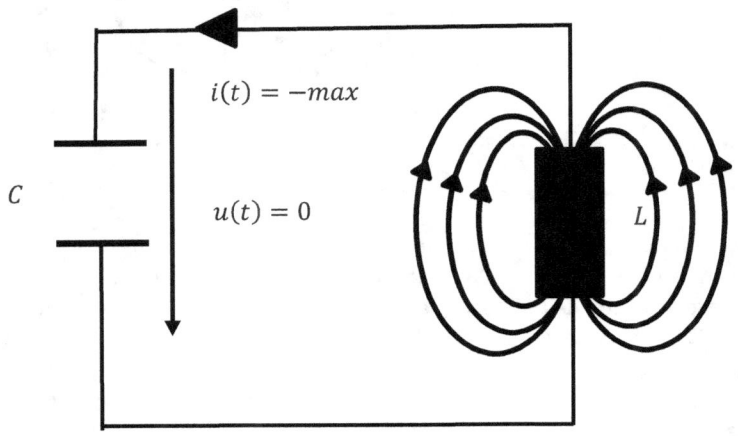

Figura 89 El flujo de corriente cambia de dirección

⑤ Se alcanza de nuevo el estado inicial. A partir de aquí, el proceso se repite. Se crea una oscilación armónica.

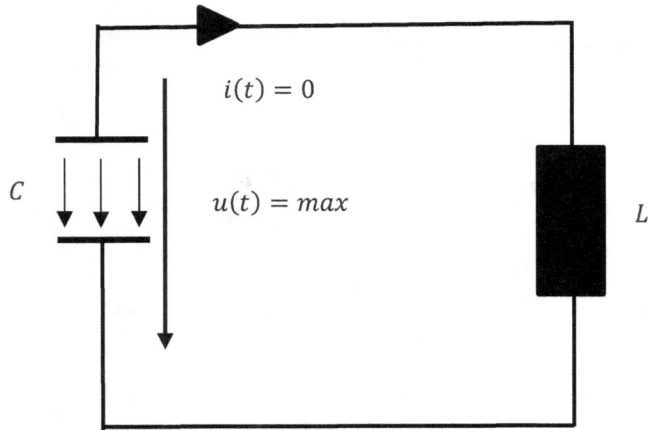

Ilustración 90 Se alcanza de nuevo el estado inicial

Por eso el circuito se llama también **circuito resonante LC** o **circuito resonante electromagnético**. En el, la energía se almacena alternamente por el campo eléctrico y el magnético.

Podemos calcular la frecuencia de la oscilación, es decir, la rapidez con la que la energía puede ser "empujada" de un lado a otro de los componentes, utilizando los parámetros del condensador y la bobina.

Derivación

Para obtener la frecuencia a la que oscila el circuito oscilante, nos fijamos en la resistencia del circuito. La resistencia de todo el circuito resulta de la conexión en serie de las resistencias del condensador y la bobina. Las resistencias se suman.

$$X_C = \frac{1}{\omega \cdot C} \; ; X_L = \omega \cdot L$$

$$X_{LC} = X_L + X_C = \omega \cdot L - \frac{1}{\omega \cdot C}$$

En este contexto, hay que tener en cuenta el signo negativo de la reactancia capacitiva. El condensador desplaza la corriente hacia delante (menos) en un cuarto de período respecto a la tensión y la bobina la desplaza hacia atrás (más).

La resistencia total resultante debe ser mínima para que la oscilación pueda propagarse libre de amortiguación lo mas posible. Esto ocurre exactamente cuando la reactancia inductiva de la bobina y la reactancia capacitiva del condensador se anulan mutuamente. La resistencia total resultante es cero.

$$X_L = X_C => X_{LC} = \omega \cdot L - \frac{1}{\omega \cdot C} = 0$$

Utilizando esta ecuación, podemos determinar la frecuencia o la frecuencia angular. Reordenando la ecuación según la cantidad que buscamos, obtenemos:

$$\omega \cdot L - \frac{1}{\omega \cdot C} = 0$$

$$\omega \cdot L = \frac{1}{\omega \cdot C}$$

$$\omega^2 = \frac{1}{L \cdot C}$$

$$\Rightarrow \omega = \sqrt{\frac{1}{L \cdot C}} \; of = \frac{1}{2\pi} \cdot \sqrt{\frac{1}{L \cdot C}}$$

La frecuencia de un circuito resonante LC también se llama **frecuencia de resonancia.** f_0. A esta frecuencia, el circuito oscilante estará en resonancia.

Esta relación fue descubierta por el físico británico William Thomson en 1853. Con la ayuda de la ecuación de oscilación de Thomson, se puede determinar la frecuencia de resonancia de un circuito resonante LC.

 Hemos obtenido la fórmula para determinar la frecuencia de resonancia utilizando un circuito resonante en serie. Sin embargo, la fórmula también se aplica a un circuito resonante en paralelo. En este caso, la bobina y el condensador están conectados en paralelo en lugar de en serie.

Un circuito resonante LC formado por un condensador con una capacitancia de $C = 22\ \mu F$ y una bobina con una inductancia de $L = 470\ \mu H$ se excita. ¿Con qué frecuencia oscila la tensión por segundo? ¿Con qué frecuencia oscila la corriente? ¿Cuál es la reactancia capacitiva del condensador y la inductiva de la bobina?

Solución: $f = \dfrac{1}{2\pi} \cdot \sqrt{\dfrac{1}{L \cdot C}} = \dfrac{1}{2\pi} \cdot \sqrt{\dfrac{1}{470\ \mu H \cdot 22\ \mu F}} = 1{,}565\ kHz$

Tanto la corriente como la tensión oscilan a 1565 oscilaciones por segundo.

$X_L = X_C = \omega \cdot L = 2\pi \cdot 1{,}565\ kHz \cdot 470\ \mu H = 4{,}6\ \Omega$

Después de conocer cómo se crea una oscilación electromagnética, veremos cómo puede utilizarse para la transmisión inalámbrica de datos.

13.6 Radiación electromagnética

Una oscilación electromagnética o una onda electromagnética se crea por la interacción de campos eléctricos y magnéticos, por ejemplo, con la ayuda de un circuito resonante LC.

A bajas frecuencias, los electrones oscilan de un lado a otro en forma de tensión y corriente medibles en los conductores o cables.

Sin embargo, si aumentamos la frecuencia a la que los electrones oscilan de un lado a otro y dimensionamos una antena adecuada, las oscilaciones pueden disiparse fuera de las vías conductoras hacia el espacio.

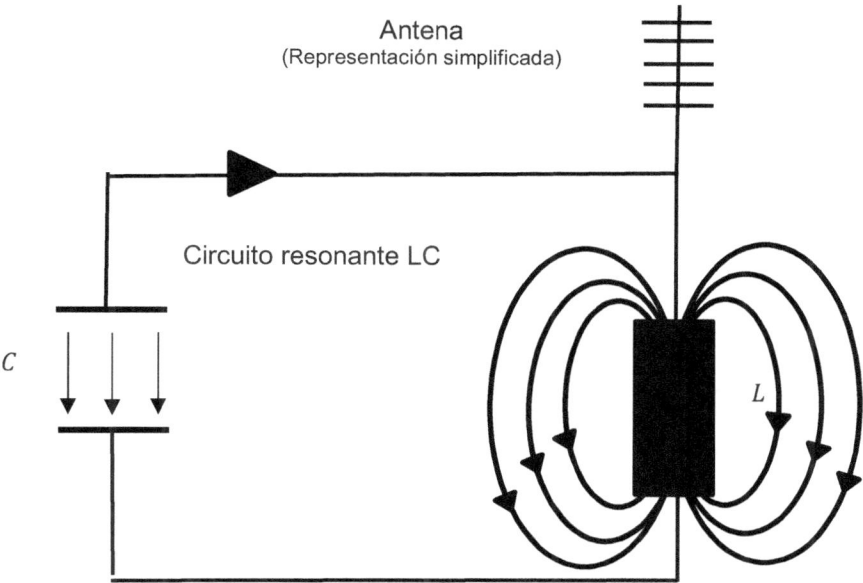

Figura 91 Estructura de un circuito electromagnético oscilante con antena de salida

La onda se **irradia** a la habitación. Para conseguir este efecto, las frecuencias deben elegirse extremadamente altas.

 Cuando una onda electromagnética se irradia del conductor, los electrones oscilantes permanecen en el conductor, porque una onda no transporta materia.

Sólo la energía eléctrica es convertida en energía radiante por la onda y es irradiada. Los campos eléctricos y magnéticos están desplazados espacialmente en 90° y a su vez forman un ángulo de 90° con la velocidad de propagación.

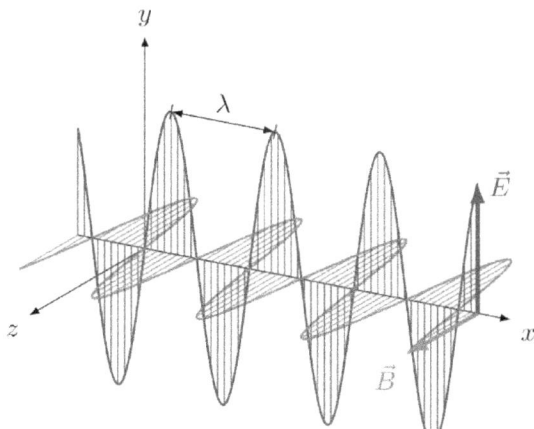

Figura 92 Representación de la propagación de una onda electromagnética en el espacio

Ya se ha dicho que la frecuencia de la oscilación debe elegirse muy alta para que la onda se propague. La siguiente tabla nos ayuda a hacernos una idea de las magnitudes de las diferentes ondas. Como las ondas se clasifican según sus frecuencias, también se habla del espectro (de frecuencias).

Designación	Frecuencia	Ejemplo
Baja frecuencia	0 Hz a 50 Hz	---
	50 Hz	Red eléctrica europea (basada en el conductor)
	Hasta 30 kHz	Comunicación submarina
Alta frecuencia	Hasta 3 MHz	Radio de onda corta
	Hasta 300 MHz	Radio y TV
	Hasta 1 GHz	Radio móvil
	2,4 GHz	2.4-WLAN
	Hasta 5 GHz	Bluetooth, 5G, GPS
	Hasta 80 GHz	Radar
Infrarrojos (radiación de calor)	> 300 GHz	Microondas Calentador radiante
Luz	> 300 THz	Luz visible
Rayos UV	> 800 THz	Luz negra, fotolitografía
Rayos X	> 30.000 THz	Tecnología médica

La red eléctrica europea funciona a una frecuencia muy baja de 50 Hz. Esto se debe a que se trata de una **oscilación cableada** que **no se** supone que se disipe. Cada onda electromagnética que se disipe de los cables supone una **pérdida de energía** durante el transporte.

14 Resumen

Hemos aprendido, entretanto, los fundamentos de la ingeniería eléctrica, hemos tratado los distintos componentes y hemos explicado los símbolos correspondientes en los circuitos. Además, hemos tratado el modelo de agua y las magnitudes y efectos electrotécnicos básicos.

Finalmente, podemos entender circuitos sencillos como el proceso de carga y descarga de la bobina y el condensador.

También hemos estudiado temas más complejos, como la teoría de la corriente alterna y los circuitos resonantes LC. También hemos estudiado ejemplos prácticos, como la estructura de la red eléctrica.

Por supuesto, esto era sólo una introducción para familiarizarse con el tema. El mundo de la ingeniería eléctrica es mucho más amplio. Quedan pendientes componentes más complejos como los CI (circuitos integrados), que contienen circuitos enteros en su interior.

Por ahora conocemos conocimientos básicos importantes, como las diferentes magnitudes de la corriente, tensión, resistencia y muchos más, así como las unidades para los diferentes tipos de potencia o energía.

Según el lema "Ningún maestro ha caído del cielo", es importante aplicar lo aprendido y no quedarse quieto. Nikola Tesla ya lo sabía:

"El desarrollo progresivo de la humanidad depende de manera vital de la invención".

-Nikola Tesla

Libro electrónico gratuito

Gracias por comprar este libro. Como el libro está impreso directamente por Amazon y no tengo influencia en la calidad de las imágenes, es posible que se pierdan algunos detalles.

Por eso ofrezco el libro electrónico en color de forma gratuita como archivo PDF al comprar el libro. Allí encontrarás todas las imágenes en alta resolución y siempre tendrás la última versión.

Para ello, envíe un mensaje con el asunto " Ingeniería eléctrica", así como una captura de pantalla de la compra o un comprobante del pedido, a la siguiente dirección de correo electrónico (los datos privados pueden redactarse):

BenjaminSpahic@pbd-verlag.de

Les enviaré el libro electrónico inmediatamente.

Si echas de menos algo, no te gusta o tienes sugerencias de mejora o preguntas, no dudes en enviarme un correo electrónico.

La mejora depende de la crítica constructiva. Estoy revisando constantemente el libro y estoy encantado de responder a cualquier sugerencia constructiva de mejora.

Si te ha gustado el libro, me encantaría recibir una reseña positiva en Amazon. Esto ayuda a la visibilidad del libro y es el mayor elogio que puede recibir un autor.

Suyo Benjamín

Sobre el autor

Benjamin Spahic nació en Heidelberg en 1995 y creció en un pueblo de 8.000 habitantes cerca de Karlsruhe. Su pasión por la tecnología se refleja en sus estudios de ingeniería eléctrica con especialización en tecnologías de la información en la Universidad de Ciencias Aplicadas de Karlsruhe.

A continuación, profundizó sus conocimientos en un programa de máster en el campo de la producción de energía regenerativa en la Universidad de Ciencias Aplicadas de Karlsruhe.

Créditos de las fotos:
Iconos:
https://icons8.de/icon/113140/kugelbirne
https://icons8.de/icon/79638/obligatorische
https://icons8.de/icon/78038/math
https://icons8.de/icon/42314/taschenrechner
Todos los contenidos no mencionados fueron creados por el propio autor. Por lo tanto, es el autor de los gráficos y tiene los derechos de uso y distribución.
https://pixabay.com/de/illustrations/atom-molek%C3%BCl-wasserstoff-chemie-2222965/
https://en.wikipedia.org/wiki/File:Electrostatic_induction.svg
https://commons.wikimedia.org/wiki/File:Feldlinien_und_%C3%84quipotentiallinien.png
 *: https://commons.wikimedia.org/wiki/File:VFPt_cylindrical_magnet_thumb.svg
 *: https://de.wikipedia.org/wiki/Datei:RechteHand.png
 *: https://de.wikipedia.org/wiki/Datei:Lorentzkraft_v2.svg
https://commons.wikimedia.org/wiki/File:RHR.svg
https://de.wikipedia.org/wiki/Datei:Schaltzeichen_Masse.svg
https://de.wikipedia.org/wiki/Datei:Chassis_Ground.svg
https://commons.wikimedia.org/wiki/File:Stromknoten.svg
 *: https://de.wikipedia.org/wiki/Datei:Widerst%C3%A4nde.JPG
 *: https://commons.wikimedia.org/wiki/File:Manta_DVD-012_Emperor_Recorder_-_power_supply.JPG
https://de.wikipedia.org/wiki/Datei:Diodenalt2.png
 *: https://de.wikipedia.org/wiki/Datei:Diode_pinout_de.svg
 **: https://www.chemie-schule.de/KnowHow/Datei:Sperrschicht.svg
 **: https://www.chemie-schule.de/KnowHow/Datei:Sperrschicht.svg
https://de.wikipedia.org/wiki/Datei:Transistors-white.jpg
https://commons.wikimedia.org/wiki/File:Transistor-diode-npn-pnp.svg
https://de.wikipedia.org/wiki/Datei:NPN_transistor_basic_operation.svg
 *: https://de.wikipedia.org/wiki/Datei:N-Kanal-MOSFET_(Schema).svg
 **: https://de.wikipedia.org/wiki/Datei:Scheme_of_metal_oxide_semiconductor_field-effect_transistor.svg
 **: https://de.wikipedia.org/wiki/Datei:Scheme_of_n-metal_oxide_semiconductor_field-effect_transistor_with_channel_de.svg
 *: https://commons.wikimedia.org/wiki/File:MISFET-Transistor_Symbole.svg
 *: https://de.wikipedia.org/wiki/Datei:Elko-Al-Ta-Bauformen-Wiki-07-02-11.jpg *: https://commons.wikimedia.org/wiki/File:Kondensatoren-Schaltzeichen-Reihe.svg
 *:
https://de.wikipedia.org/wiki/Datei:Plate_Capacitor_DE.svg
https://de.wikipedia.org/wiki/Datei:Ladevorgang.svg
https://de.wikipedia.org/wiki/Datei:Ladevorgang.svg
 *: https://de.wikipedia.org/wiki/Datei:Electronic_component_inductors.jpg
https://de.wikipedia.org/wiki/Datei:Diverse_Spulen.JPG
https://commons.wikimedia.org/wiki/File:Solenoid-1.png
https://de.wikipedia.org/wiki/Datei:Ladevorgang.svg
https://de.wikipedia.org/wiki/Datei:Ladevorgang.svg
Otros:
https://www.flaticon.com/de/premium-icon/strommast_3573229?term=strommast&page=1&position=12&page=1&position=12&related_id=3573229&origin=search
https://www.flaticon.com/de/premium-icon/sonnenkollektor_3933850
https://www.flaticon.com/de/premium-icon/oko-nach-hause_4640172
https://www.flaticon.com/de/kostenloses-icon/windkraft_902587
https://www.flaticon.com/de/premium-icon/wasserkraft_3202537
https://www.flaticon.com/de/kostenloses-icon/wasserkraft_259011
https://upload.wikimedia.org/wikipedia/commons/3/3f/Dreiphasenwechselstrom.svg
* Este archivo está disponible bajo la Licencia de Documentación Libre de GNU.
https://commons.wikimedia.org/wiki/Commons:GNU_Free_Documentation_License,_version_1.2
 Es posible que se hayan realizado cambios.
** Este archivo está disponible bajo la licencia Creative Commons "CC0 1.0 waiver of copyright".
https://creativecommons.org/publicdomain/zero/1.0/deed.de
 Es posible que se hayan realizado cambios.

www.ingramcontent.com/pod-product-compliance
Lightning Source LLC
Chambersburg PA
CBHW052358220526
45465CB00003BB/1158